LA COMARCA MONTESUR:
PASADO, PRESENTE Y FUTURO

Mario Puebla Almodóvar

LA COMARCA MONTESUR:
PASADO, PRESENTE Y FUTURO

BIBLIOTECA DE AUTORES MANCHEGOS
DIPUTACION DE CIUDAD REAL

Primera edición: 2026

Edita: Servicio de Cultura. Diputación Provincial
Biblioteca de Autores Manchegos (BAM)
Plaza de la Constitución, 1. 13001 Ciudad Real
Tlf.: 926292575
Web: www.dipucr.es

Cubierta: BAM. Vista panorámica de Almadén y su Parque Minero.

Coordinación editorial: Jesús Reviejo
Colección General, número 253

Imprime: Raggio Comunicación, S.L.
ISBN: 978-84-7789-433-9
Depósito Legal: CR-1174-2025

Impreso en España

A mis abuelos, María Cruz Solano y Pepe Puebla,
que tuvieron que dejar la tierra donde nacieron (Chillón)
y que amaban para poder dar un mejor futuro a su hijo.

A mis padres, José Manuel y Nico, y a mi hermano Jaime,
por el apoyo que me han dado en todas las etapas de mi vida.

Dedicado también a todos aquellos mineros que
perdieron la vida por o a consecuencia de la mina.

Por último, agradecer a José Baños Torres, profesor titular
de la Universidad de Castilla-La Mancha en el Área d
Economía Aplicada, por la ayuda prestada a la hora
de elaborar el presente trabajo.

ÍNDICE

PRÓLOGO.. 9

Jerónimo Mansilla Escudero

INTRODUCCIÓN
    1. Objeto de estudio 11
    2. Justificación 12
    3. Objetivos... 12
    4. Metodología... 13
    5. Discusión 13

1. FUNDAMENTACIÓN TEÓRICA...................................... 15
    1.1. Aproximación teórica....................................... 15
    1.2. Algunas aclaraciones conceptuales 20

2. CONTEXTO HISTÓRICO 25
    2.1. Prehistoria... 25
    2.2. Edad Antigua 28
    2.3. Edad Media.. 30
    2.4. Edad Moderna.. 32
    2.5. Edad Contemporánea.. 36

3. CARACTERÍSTICAS NATURALES Y COMUNICACIONES........ 41
    3.1. Características naturales 41
    3.2. Infraestructuras de transporte........................... 47

4. ESTRUCTURA DEMOGRÁFICA....................................... 55
    4.1. Agudo 57
    4.2. Alamillo 60
    4.3. Almadén... 64
    4.4. Almadenejos 67
    4.5. Chillón 70
    4.6. Guadalmez... 73
    4.7. Saceruela... 76
    4.8. Valdemanco del Esteras 80
    4.9. Conclusiones.. 83

5. ESTRUCTURA SOCIOECONÓMICA 91
   5.1. Servicios sanitarios 91
   5.2. Entidades bancarias 95
   5.3. Sistema educativo 96
      5.3.1. Educación infantil y primaria........................... 97
      5.3.2. Educación secundaria y formación profesional 98
      5.3.3. Educación universitaria 99
      5.3.4. Conclusiones 101
   5.4. Estructura económica.. 102
      5.4.1. Estructura empresarial..................................... 102
      5.4.2. Capacidad económica de los habitantes........................ 113
   5.5. Presupuestos públicos... 115
   5.6. Sector turístico 126

6. MEDIDAS ADOPTADAS PARA COMBATIR LA ACTUAL
SITUACIÓN DE LA COMARCA.. 133
   6.1. Primeras actuaciones 133
   6.2. Reconversión de Minas de Almadén y Arrayanes Sociedad
      Anónima.. 134
   6.3. Subvenciones captadas 136
   6.4. Puesta en valor del patrimonio 144
   6.5. Conclusiones.. 146

CONCLUSIONES 149

NOTAS.. 151

BIBLIOGRAFÍA Y FUENTES CONSULTADAS
   1. Webgrafía... 153
   2. Fuentes académicas 155
   3. Documentos oficiales... 157

SIGLAS... 159

ÍNDICE DE TABLAS.. 161

ÍNDICE DE GRÁFICOS 165

PRÓLOGO

Es para mí un gran honor poder acceder a la petición que me hace Mario Puebla Almodóvar, para que le escriba el prólogo del trabajo que el lector tiene entre sus manos, *La comarca MonteSur: pasado, presente y futuro*.

El joven autor tiene una amplia formación académica para la realización del trabajo que nos presenta, ya que posee un Doble Grado en Economía e Historia por la Universidad Rey Juan Carlos; un Máster Habilitante en Formación del Profesorado y otro Máster en Crecimiento y Desarrollo Sostenible, ambos realizados en la Universidad de Castilla-La Mancha.

El trabajo pretende encontrar los puntos débiles y fuertes de la zona estudiada con la finalidad de poder aplicar las medidas necesarias en el futuro para que la comarca MonteSur deje de ser una zona con escaso desarrollo socioeconómico. Para ello, se parte de la situación en la que se encuentra actualmente la comarca, analizando una serie de variables.

El autor utiliza una doble metodología en su trabajo. Por un lado, una metodología descriptiva, que se apoya en el análisis de los datos existentes en las tablas e imágenes; y, por otro lado, una metodología de verificación cruzada, de tal forma que partiendo del análisis de múltiples fuentes intenta establecer conclusiones mediante el contraste de la información analizada.

Se llega a la conclusión de que todos los municipios de la comarca MonteSur comparten las mismas características, es decir, pérdida de población, baja densidad poblacional, envejecimiento, dependencia del sector primario (exceptuando, en parte, el municipio de Almadén), falta de diversificación económica, infraestructuras y servicios limitados, escasas salidas laborales y rico patrimonio medioambiental y cultural.

Es conveniente señalar que, para intentar paliar la situación de escaso desarrollo socioeconómico y demográfico, en el año 1996 se constituyó la Asociación para el Desarrollo de la Comarca de Almadén «MonteSur», como una asociación sin ánimo de lucro, cuya finalidad es impulsar el desarrollo socio-económico de la comarca a partir de los recursos locales, compatibilizando dicho desarrollo con el respeto al medio ambiente.

Es una asociación en la que participan entidades públicas y privadas implantadas en la comarca de Almadén, como las corporaciones locales, asociaciones de todo tipo, EIMIA, empresarios, sindicatos y cooperativas.

La Asociación MonteSur se rige por un Grupo de Desarrollo Rural, el cual tiene como objetivo fundamental aplicar las diferentes estrategias de desarrollo. A este respecto, desde el año 1998 ha desarrollado dos Programas Operativos de Desarrollo y Diversificación Económica de Zonas Rurales: PRODER 1 (1998- 2002) y PRODER 2 (2002-2007); el Eje 4 - LEADER (2007-2013); el Programa del Eje 19-LEADER (2014-2020) y, en la actualidad, la Intervención 7119_Leader en Castilla-La Mancha, en el marco del Plan Estratégico de la PAC de España (PEPAC 2023-2027).

El Centro de Desarrollo Rural (CEDER) representa la principal estructura estable en un proceso de desarrollo y tiene unas competencias estrictamente técnicas y de gestión. Se trata, en definitiva, de la oficina canalizadora de las ayudas procedentes de la Unión Europea, la Administración General del Estado y la Junta de Comunidades de Castilla-La Mancha, y a la que se dirigen todas las iniciativas y proyectos de desarrollo comarcal.

El autor llega a la conclusión de que los municipios de la comarca de Almadén han sido víctimas del conocido como «mal holandés». Es decir, debido a la estrecha relación económica de la comarca con la explotación del mercurio se desatendieron el resto de sectores productivos, por lo que cuando fue necesario dejar de depender de la minería para la subsistencia no existían las infraestructuras y los medios adecuados para realizar dicho cambio.

Estimado lector, disfrute de la lectura de este libro porque la buena presentación, la variedad y exhaustividad de las fuentes consultadas y la ágil redacción lo harán posible.

Por último, es de agradecer al Servicio de Cultura de la Diputación Provincial, a través de su Biblioteca de Autores Manchegos, su compromiso editorial con los diversos trabajos de investigación sobre nuestra provincia que continuamente se llevan a cabo, lo cual la han llevado a convertirse en una de las principales editoriales de la provincia de Ciudad Real, tanto por el contenido de sus colecciones como por la presentación de sus ejemplares.

JERÓNIMO MANSILLA ESCUDERO
Historiador y técnico en el CEDER MonteSur

INTRODUCCIÓN

1. OBJETO DE ESTUDIO

El objeto de estudio de este trabajo se circunscribe a la comarca Monte-Sur, constituida por ocho municipios (Agudo, Alamillo, Almadén, Almadenejos, Chillón, Guadalmez, Saceruela y Valdemanco del Esteras) que conforman la Asociación para el Desarrollo de la Comarca de Almadén «MonteSur» (ADCA) que ha sido denominada por muchos lugareños como una comarca social, ya que estos municipios comparten un mismo pasado y una misma situación actual.

Logotipo de la Asociación para el Desarrollo de la Comarca de Almadén. Fuente: ADCA.

El espacio que ocupa la comarca MonteSur en la provincia de Ciudad Real se encuentra visible en el mapa de la página siguiente. Antes de entrar a profundizar en el trabajo deberemos establecer una división respecto a dos términos que podrían ser fácilmente confundidos:

ADCA. Asociación conformada por los municipios a estudiar, cuya finalidad es frenar la despoblación y la pérdida de empleos que está sufriendo el territorio.

COMARCA MONTESUR. Hablaremos de esta comarca cuando queramos referirnos al territorio conformado por los ocho municipios estudiados.

En todo estudio de esta naturaleza, es preciso tener un conocimiento de la situación a la que nos enfrentamos y, para ello, debemos tomar en consideración múltiples aspectos, referidos a los recursos humanos, así como materiales, observar cómo han evolucionado y analizar qué iniciativas se han tomado en la zona, para así estar en condiciones de seguir adelante o concretar medidas más adecuadas para el territorio.

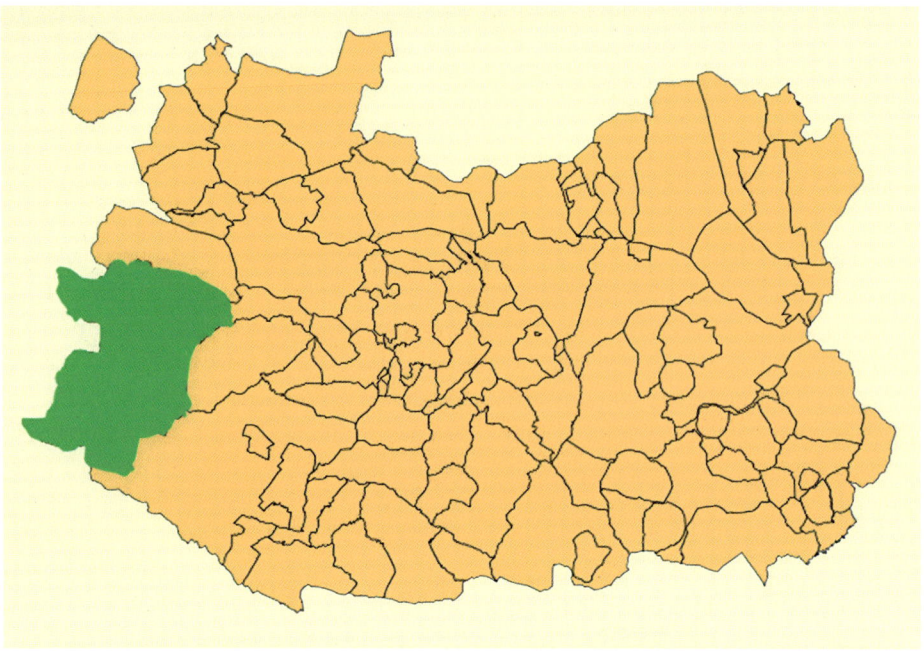

Comarca MonteSur, área de acción de la Asociación para el Desarrollo de la Comarca de Almadén. Fuente: Elaboración propia.

2. JUSTIFICACIÓN

No se puede hablar de desarrollo económico si hay zonas que quedan excluidas de este crecimiento. La existencia de zonas apartadas de los flujos económicos nacionales y globales ha sido una constante a lo largo de la historia, pero desde hace unas décadas se ha tomado conciencia de la injusticia de esta coyuntura y, bajo la premisa de no dejar a nadie atrás, se ha intentado solventar la situación. Por lo tanto, el trabajo expuesto en estas páginas busca ayudar a encontrar los puntos débiles y fuertes de la zona estudiada con la finalidad de poder aplicar las medidas necesarias en el futuro, para que la comarca MonteSur deje de ser una zona irrelevante económicamente.

3. OBJETIVOS

El objetivo principal del trabajo es determinar la situación en la que se encuentra actualmente la comarca MonteSur, teniendo en cuenta todas las dimensiones de la vida humana. También se intentará determinar cómo la zona de Almadén pasó de ser el mayor punto de extracción de mercurio a nivel mundial a convertirse en una zona rural y aislada. Por lo tanto, será necesario analizar una serie de variables flujo, como el desarrollo demográfico en el último siglo o la historia de la comarca, para poder analizar las variables stock, es decir, la situación actual, que se deriva del análisis de los últimos datos disponibles.

4. METODOLOGÍA

Fundamentalmente el método de trabajo empleado en el presente libro es el de una metodología descriptiva. Es decir, la mayor parte del trabajo se realizará a partir de unos datos que serán analizados, procurando establecer unas hipótesis y conclusiones coherentes con la disciplina económica. Respecto al horizonte temporal que abarca el estudio, se ha buscado utilizar siempre la última información estadística disponible, para así realizar un análisis lo más actualizado posible. Sin embargo, ello no siempre ha sido posible, lo más habitual ha sido trabajar con datos del 2023 o 2024, aunque en ocasiones, ha sido necesario retrotraerse unos años en el tiempo para obtener fuentes de calidad. De forma paralela y minoritaria, también se empleará una metodología de verificación cruzada, que partiendo del análisis de diversidad de fuentes buscará establecer conclusiones mediante el contraste de la información, siendo esta metodología muy útil para el apartado de fundamentación teórica y análisis histórico.

5. DISCUSIÓN

El primero de los apartados estará dedicado a analizar las teorías económicas más importantes en lo relativo al desarrollo económico y regional, sentando la base en torno a la cual se construirá el resto del trabajo, donde se realizarán constantes referencias a este primer apartado. En el segundo apartado se realiza un análisis histórico de la comarca, desde que se tiene constancia de los primeros pobladores humanos hasta la actualidad, encontrándose siempre los pobladores de la zona ligados al mercurio. El tercer apartado analiza dos condiciones de partida para el desarrollo de la zona, por una parte, los recursos naturales que tienen a su disposición los habitantes de la comarca, y por otra, los medios de comunicación que permiten a los pobladores contactar con el resto del territorio.

Los restantes apartados se encuentran fundamentados en una metodología descriptiva, por lo que se apoyan en el análisis de los datos existentes en las tablas e imágenes. El cuarto apartado se dedica a realizar un análisis demográfico de cada uno de los ocho municipios y de la comarca conjuntamente, se estudia tanto la situación en el 2022, como su evolución histórica durante el último siglo. El quinto apartado aborda la relación de servicios con los que está dotada la comarca y la capacidad económica de la misma, tanto de los agentes públicos como de los privados. El sexto apartado analiza las medidas tomadas por todo tipo de entidades para intentar atajar la situación de decadencia que experimenta la comarca. Por último, las tablas e imágenes contextualizan la información del libro, y su presencia busca facilitar las labores de fiscalización de lo aquí expuesto por cualquier persona.

1
FUNDAMENTACIÓN TEÓRICA

Antes de entrar a analizar la zona rural en cuestión considero necesario realizar una aproximación teórica de aquellas hipótesis que puedan resultar relevantes a la hora de analizar las diversas políticas económicas que serán estudiadas en el presente trabajo. Además, también se deberá tener en cuenta una serie de conceptos teóricos, cuya acotación condiciona los supuestos del trabajo. Las diversas teorías sobre el desarrollo existentes hasta el momento nos pueden ayudar a comprender el éxito o fracaso de unas y otras regiones y la idoneidad o innecesaridad de las políticas públicas a diseñar e implementar. El conocimiento de estas teorías económicas también nos ayudará a discriminar cuándo una medida da lugar a un cambio coyuntural en la economía y en la sociedad y cuándo este cambio perdura en el tiempo. Las teorías de desarrollo regional expuestas a continuación no son mutuamente excluyentes, sino que se pueden complementar entre sí para explicar la realidad de un territorio.

1.1. APROXIMACIÓN TEÓRICA

La teoría neoclásica del crecimiento (TNC) será la primera que abordaremos. Esta teoría nació de la mano de Solow[1] y Swan[2] en 1956 con la publicación de dos artículos que desarrollaban un modelo de crecimiento exógeno y que terminó por constituirse como uno de los pilares de la TNC (Gutiérrez Casas, 2006). El modelo inicialmente postulado por Solow y Swan sufriría muchas revisiones y reinterpretaciones con el paso de los años. El modelo del crecimiento neoclásico no estaba orientado en un inicio al estudio del crecimiento regional, sin embargo, ha terminado por convertirse en una herramienta de uso común a la hora de estudiar el desarrollo económico de las regiones. Los neoclásicos suponen la existencia de rendimientos decrecientes a escala y competencia perfecta en los mercados. Para los neoclásicos el crecimiento de la economía será mayor cuanto mayor sea el crecimiento de la población, el progreso tecnológico y la formación del capital (relacionada positivamente con la tasa de ahorro). Los bienes del mercado son considerados como no rival, mientras que el desarrollo demográfico y la evolución tecnológica son elementos considerados como exógenos.

Por lo tanto, y partiendo de la TNC las diferencias entre regiones podrían ser explicadas por la diferente dotación de bienes de capital y de capital humano que tiene cada región. Respecto a la convergencia, Solow argumentaba que dadas unas condiciones similares en ahorro, población y tecnología las economías pobres deberían crecer más rápido que las economías ricas hasta alcanzar un punto de equilibrio o estado estacionario similar (Jordán Galduf, 2008). En otras palabras, los países convergen a su propio estado estacionario determinado por sus características estructurales y políticas económicas, pero no necesariamente al mismo nivel de ingreso per cápita. Este postulado se conoció como convergencia condicional, y era aplicable también a las diferentes regiones en el seno de un Estado.

La TNC provocó que una serie de pensadores económicos postularan teorías alternativas para intentar superar las carencias del modelo de Solow y Swan, especialmente en el análisis económico en el largo plazo. Estos teóricos se van a agrupan en torno a la conocida como teoría del crecimiento endógeno (TCE), para ellos la tecnología es una variable endógena y los rendimientos decrecientes no son una condición necesaria, siendo las fuerzas del crecimiento económico algo interno al modelo (Gutiérrez Casas, 2006). La posibilidad de que existan rendimientos crecientes a escala en este modelo se conecta estrechamente con las externalidades que hacen que la inversión en capital humano revierta en un incremento de la productividad. La teoría del crecimiento endógeno no postula la convergencia entre sus preceptos, ya que el crecimiento futuro de una economía dependerá de sus niveles de ahorro y tecnología en la actualidad. Por lo tanto, esta teoría podría explicar por qué los países y regiones pobres siguen siendo pobres y por qué no se produce convergencia entre países y regiones con características técnicas similares.

Uno de los conceptos más interesantes que introduce la TCE es la de las inversiones complementarias. Para entender el crecimiento económico será necesario prestar atención a las inversiones en capital, pero también a las inversiones complementarias en elementos como las infraestructuras o la educación (Gutiérrez Casas, 2006). Este tipo de inversiones adquieren un papel central para los defensores del crecimiento endógeno, ya que para ellos uno de los motores del crecimiento económico es la formación del capital humano. Un aumento de la inversión en capital, tanto físico como humano, generará un aumento de la producción, es decir, habrá rendimientos constantes entre la inversión en capital y la producción. Por lo tanto, la TCE supone una importante base teórica para justificar la intervención gubernamental en la economía como promotor de estas inversiones complementarias y sus consecuentes externalidades positivas. Tanto la TNC como la TCE cuentan con ciertas carencias que serán criticadas por diversos autores, entre ellas destacan el no considerar el sector exterior ni las condiciones geográficas de los territorios estudiados.

Mientras que la TNC centra sus explicaciones en la oferta, la teoría del multiplicador regional (TMR) centra sus postulados en la demanda. La TMR es una adaptación de los postulados de Keynes para explicar los datos de ingresos y empleo a nivel regional. Las nuevas inversiones que reciba una región generarán un incremento del empleo y los ingresos en general, pero, además se generará un impacto inducido por el denominado como multiplicador regional. Las variables exógenas del modelo son la inversión regional, las exportaciones de la región y el gasto del gobierno regional, condicionando estas los efectos económicos de una inyección monetaria en una región. La producción de la región estará determinada por el gasto autónomo y el multiplicador, siendo este segundo factor el más importante a la hora de implementar políticas económicas (Gutiérrez Casas, 2006). Por lo tanto, la TMR supedita el crecimiento económico de una región a la llegada de inyecciones económicas, cuyo efecto será mayor o menor en función del multiplicador. La TMR tampoco entra a considerar las condiciones geográficas de las regiones. Por lo tanto, la TMR propicia la actuación del sector público en la economía ya sea como inversor o como captor de inversiones privadas.

Hasta este momento las exportaciones se habían encontrado presentes en algunos modelos, pero será Charles Tiebout[3] quien le dé una importancia central a este factor de cara al crecimiento económico. De esta forma nació la teoría de la base exportadora (TBE), que postula que el crecimiento económico de una región depende de la capacidad que tenga esta para aumentar sus exportaciones (Robles Robles et al., 2014). Para los defensores de la TBE el incremento de las exportaciones generará que recursos monetarios externos sean atraídos a la región. La TBE divide a la economía en dos grandes sectores, las actividades de producción básicas, que enfocan sus productos hacia mercados externos y las no básicas, destinadas a mercados locales y regionales, y que, por lo tanto, no atraen riqueza de fuera de la región. En conclusión, la riqueza de una región dependerá de la cuota de mercado externa que sus exportaciones sean capaces de ocupar, siempre partiendo desde unos condicionamientos geográficos. La TBE recibió sobre todo una crítica, en base a que consideraba el precio del capital y la demanda externa como constantes.

Hasta ahora las teorías económicas no tenían en cuenta los condicionantes geográficos para explicar las dinámicas económicas, a excepción de la TBE, que hace una tímida consideración a estos factores. Al amparo de esta carencia nacerán una serie de hipótesis como la teoría de los polos de desarrollo (TPD), que pone al territorio como centro del desarrollo. Para los defensores de la TPD será la capacidad que la región tenga de atraer y conservar a población la que determine su éxito económico (Coraggio, 1972). Las regiones más altamente pobladas concentran empresas de mayor envergadura, lo que facilita la aparición de economías de escala. A su vez, la concentración de personas y empresas genera las conocidas como economías de aglomeración, que entre otros efectos reducen los costes de transporte y aumentan la eficiencia y la productividad. Para Perroux[4] esta aglomeración se producirá en base a una industria clave o motriz que da lugar a la creación de polos industriales complejos, generando cambios profundos a escala regional, y dando lugar a intensos intercambios económicos entre dichos polos. La TPD entiende que las desigualdades entre regiones nacen de la diferente capacidad de las regiones para atraer y conservar población, generando esto economías de escala y aglomeración.

Otra teoría que le da gran importancia al territorio, y que cuenta con muchas similitudes con la TPD, es la teoría de la causación circular y acumulativa (TCA). Para los defensores de la TCA las diferencias entre regiones nacen fruto de la venta en los mercados exteriores de un producto elaborado o extraído en dichas regiones. Un ejemplo de estos bienes comercializados podría ser el mercurio de Almadén que generó importantes beneficios a la comarca durante buena parte de su historia. Para la TCA las desigualdades surgen fruto de unas condiciones de partida desiguales que son acentuadas por las dinámicas del mercado, ya que el crecimiento económico futuro se construye sobre el anterior. Las regiones más dinámicas generarán economías de escala y aglomeración que atraerán a los factores productivos de las regiones más desfavorecidas, dando lugar todo ello a que una región crezca a costa de que otra decrezca (Gutiérrez Casas, 2006). Tanto la TPD como la TCA enlazan con la teoría de los rendimientos decrecientes (TRD), que entiende la concentración económica y poblacional como un fenómeno natural en búsqueda de menores costes.

Un enfoque muy diferente es el que nos proporciona la teoría del cambio estructural (TCR), que divide a las economías en función del sector en el que estén especializadas. Nos encontraríamos entonces con economías dedicadas al sector primario, cuyos productos tienen capacidad para generar un escaso valor añadido (Guilló Fuentes et al., 2010). Por otro lado, encontraríamos a las economías especializadas en los sectores secundarios y terciarios, cuya producción tiene una mayor capacidad para generar valor añadido y atraer inversiones. La TCR contempla la posibilidad de un proceso de cambio estructural donde los sectores manufactureros terminan por superar en importancia al sector agrícola, a la vez que la mano de obra sobrante del sector agrícola será aprovechada por el sector manufacturero. Para estos autores la desigualdad entre regiones nacería fruto de una infrautilización de los recursos disponibles, ya que estos deberían redireccionarse para ser empleados en los sectores más eficientes. La TCR ha enfrentado algunas críticas, ya que considera que las empresas manufactureras cuentan con pleno empleo y no contempla la posibilidad de que dichas empresas sustituyan trabajadores por un uso más intensivo de los bienes de capital (Guilló Fuentes et al., 2010).

Desde una perspectiva puramente regional nos encontramos con la teoría de la dotación de infraestructuras (TDI). La TDI supedita las posibilidades de crecimiento de las regiones al grado de desarrollo de sus infraestructuras, en la medida en que estas generan externalidades positivas, como pueden ser las inversiones que el mantenimiento y mejora de estas infraestructuras requieren (Gutiérrez Casas, 2006). Hirschmann[5] toma este concepto de infraestructuras y lo amplia bajo la denominación de capital social fijo, entendiendo este como todos aquellos elementos necesarios para que las actividades productivas de la economía se desarrollen satisfactoriamente (Gutiérrez Casas, 2006). Por lo tanto, ante una cantidad suficiente de infraestructuras la región contará con facilidades para desarrollarse, mientras que, si la dotación de infraestructuras es deficitaria, se perderá población y capacidad económica. El sector público tendrá un papel central como garante de que las regiones cuenten con un sistema de infraestructuras lo suficientemente desarrollado como para atraer actividad económica.

La teoría del desarrollo endógeno (TDE), al igual que otras muchas teorías toma un enfoque regional, pero poniendo el foco en los agentes económicos oriundos de la región. Para los defensores de la TDE el desarrollo que puede llegar a alcanzar una región estará supeditado a la capacidad de los actores locales para emprender proyectos económicos. Los caminos hacia el desarrollo económico pueden ser muy variados, ya que cada comunidad se encuentra condicionada por elementos regionales como los recursos naturales o coyunturales como la formación del capital humano. Boisier[6] distingue seis elementos que condicionarán la capacidad de los agentes locales para el desarrollo de la región: competitividad de los agentes locales, eficiencia de las instituciones, la cultura de la región, el buen gobierno de la administración pública, los recursos de la región en un sentido amplio y el entorno externo (Gutiérrez Casas, 2006). Por lo tanto, la TDE defiende que la desigualdad entre regiones nace de las diferentes capacidades existentes entre sus agentes locales para propiciar el desarrollo económico.

Por último, debemos abordar la teoría del desarrollo regional por etapas (TDRE), que postula que las sociedades atraviesan diferentes estadios de desarrollo hasta alcanzar su punto más alto. La TDRE distingue cinco etapas: sociedad agraria de subsistencia, mayor conectividad comercial gracias al desarrollo de mejores medios de transporte, aumento de la productividad debido a las mejoras técnicas, aumento de la renta que deriva en la existencia de nuevas actividades económicas y sociedad consumista de masas. Esta teoría no contempla la intervención de los agentes públicos, ya que considera que las desigualdades entre regiones son el resultado de que cada región se encuentre en una etapa de desarrollo diferente (Gutiérrez Casas, 2006). Por lo tanto, para que una región se desarrolle tan solo será necesario dejar pasar el tiempo para que dicha región cambie a una etapa superior. Aunque, los márgenes temporales de esta teoría parecen excesivamente amplios como para estar enfocados hacia medidas políticas en el corto y medio plazo. En nuestra opinión, en las primeras etapas de este desarrollo, la intervención pública sería necesaria para la construcción de infraestructuras que permitan interconectar territorios diferentes.

El objeto de estudio de este trabajo enlaza a la perfección con las teorías de Paul Krugman, ganador del Nobel de economía en 2008[7], que considera que el objeto de estudio de la economía deben ser las regiones y no los países. Krugman acuña el término de Nueva Geografía Económica (NGE), que pasa a considerar que el mercado se encuentra en competencia imperfecta, les da un peso central a las externalidades, defiende la existencia de rendimientos crecientes y la localización de las regiones determinará en buena medida la marcha de la economía (Merchand Rojas, 2010). Krugman y la NGE, son el claro exponente de una tendencia que cada vez se encuentra más presente en todas las ciencias sociales, la consideración central del territorio y la localización como factores determinantes. Las regiones cuentan con una mayor capacidad de especialización económica que los países, que, partiendo de una base desigual, generan desiguales concentraciones económicas y demográficas. Por lo tanto, la NGE compartiría los postulados de la aglomeración y los polos de crecimiento de la TCA y la TPD, respectivamente, generando que el desarrollo se concentre en las regiones ya desarrolladas.

Acorde a las teorías económicas expuestas en este subapartado, con puntos de vista muy diferentes y con supuestos, en algunos casos, radicalmente opuestos, justificamos la aplicación de diferentes actuaciones de política económica e, incluso, de ausencia de las mismas, para conseguir unos resultados concretos. A pesar de esta heterogeneidad, podemos encontrar elementos defendidos por una o varias teorías y que no entran en contradicción con el resto de teorías. De esta forma podemos delimitar los objetivos a conseguir, aunque existan multitud de métodos en función de una u otra teoría. De la TPC y la TCA podemos valorar que la creación de economías de aglomeración y economías de escala será beneficioso para la economía. La TCA y TDE pueden ser interpretadas como una iniciativa para poner en valor los recursos económicos propios de la región y que estos funcionen como dinamizador económico. Para potenciar el crecimiento la TNC habla de aumentar la población, la TPD apuesta por atraer y conservar a dicha población, mientras que TCE apuesta por la formación de la población, por lo que una mano de obra abundante y cualificada será un requisito importante. Por otra parte, contar con unas infraestructuras funcionales es un elemento compartido tanto por la TCR y la TDI. También es relevante contar con un buen posicionamiento en los mercados supranacionales y suprarregionales como defienden la TBE y la TCE. Combinando todos estos objetivos e implementando las medidas necesarias se conseguirá una región dinámica económicamente. Sin embargo, en no pocas ocasiones, las medidas adoptadas son parciales y no integrales, con lo que ello supone, en relación con los objetivos propuestos.

1.2. ALGUNAS ACLARACIONES CONCEPTUALES

Dado que el presente trabajo se centra en el estudio de una zona rural considero necesario acotar que es una zona rural dentro de la legislación española. En la Ley 45/2007, de 13 de diciembre, encontramos dos definiciones a tener en cuenta:

«Medio rural: el espacio geográfico formado por la agregación de municipios o entidades locales menores definido por las administraciones competentes que posean una población inferior a 30.000 habitantes y una densidad inferior a los 100 habitantes por km² » (Gobierno de España, 2007, p. 8).

«Municipio rural de pequeño tamaño: el que posea una población residente inferior a los 5.000 habitantes y esté integrado en el medio rural» (Gobierno de España, 2007, p. 8).

Por lo tanto, la zona de estudio (Agudo, Alamillo, Almadén, Almadenejos, Chillón, Guadalmez, Saceruela y Valdemanco del Esteras) se enmarca perfectamente dentro de las definiciones de medio rural y municipio rural. La población de los ocho municipios asciende a 10.623 habitantes para el 2023 muy lejos de los 30.000 necesarios para no ser considerado medio rural. Individualmente cada uno de los municipios puede ser considerado como un municipio rural de pequeño tamaño[8], ya que el mayor de ellos, Almadén, descendió de los 5.000 habitantes en 2023. Respecto a la densidad poblacional, esta se encuentra muy lejos de las 100 personas por km² ya que los ocho municipios estudiados cuentan con una densidad de población de 8,19 personas por km².

La Escuela de Chicago (EC) propone una visión del mundo desde dos perspectivas contrapuestas, por un lado, las ciudades, y por otro, aquellas comunidades que se desarrollan en poblaciones con menor densidad de habitantes (Privitera Sixto & Perelman, 2012). La EC estudia la vida en comunidad desde una perspectiva puramente sociológica, observando las relaciones sociales de los miembros que componen una comunidad. Mientras que la vida urbana caracteriza a sus habitantes por el anonimato y el individualismo, en la vida rural prima la convivencia comunitaria y el componente emocional en las relaciones sociales, para algunos pensadores de la EC estas diferencias podrían estar ocasionadas por la mayor actividad económica en las grandes urbes. Estos diferentes métodos de vida también son relacionados con los estímulos recibidos, ya que en las grandes ciudades la recepción de estímulos es constante, mientras que la vida en zonas rurales y pequeñas urbes da lugar a una recepción de estímulos mucho más limitada. La gran cantidad de estímulos de la vida urbana generan indiferencia social, estableciendo las diferencias sociales en función del dinero, mientras que el mundo rural conserva señas características comunes como las tradiciones.

Una vez acotado el significado de rural y las características diferenciadoras del mundo rural respecto a la de los territorios urbanos, considero necesario hablar del concepto del desarrollo rural. Muchas de las medidas tomadas se pueden ubicar en el ámbito del desarrollo rural, en la medida en que buscan mejorar las condiciones del medio rural. Schumpeter[9] acuñó en 1911 el término de desarrollo económico ante un largo periodo de crecimiento económico, pero al poco tiempo se detectaron algunas carencias de esta tendencia, generándose inequidades sociales y territoriales, así como deterioros ambientales (Calatrava Requena, 2016). Ante esta situación de un crecimiento económico desigual que generaba desigualdad entre regiones surgió el concepto de desarrollo rural. Por lo tanto, el concepto de desarrollo rural ha tenido una prolongada evolución histórica y podemos dividir dicho desarrollo en las siguientes etapas, tal y como hace Calatrava Requena:

Los inicios (1900-1950). Se trata de unos primeros pasos muy localizados como el *country life movement* en EEUU. Contaron con bastante participación civil y estuvieron enfocadas especialmente hacia el sector agrario y la mejora del nivel de vida de los agricultores. Durante esta etapa también se creará una amplia literatura sobre el mundo rural, que servirá de base para etapas posteriores.

Desarrollo de las comunidades rurales (1950-1969). Con el progresivo abandono del campo se comenzó a luchar por mantener la población, el enfoque ya no se centra únicamente en la agricultura, se apuesta por actividades recreativas, industriales, y se comienza a cuidar el medioambiente. Habrá una división entre Estados Unidos enfocado hacia la obtención de retornos y la construcción de infraestructuras y Europa centrada en la conservación y el uso recreativo del medio.

Desarrollo rural integrado (1970-1979). El concepto de desarrollo comienza a estar relacionado con el de aumento de bienestar, el crecimiento económico no era suficiente, también debía darse la equidad y el equilibrio interregional, el PIB queda relegado a un segundo lugar para medir el desarrollo. Aumenta la preocupación por la sostenibilidad en concordancia con las cumbres y conferencias del momento. Con estos puntos de partida no es posible potenciar un solo sector, naciendo el desarrollo rural integrado, abarcando todos los sectores y dimensiones, con un importante papel de decisión de los agentes locales. A Europa el desarrollo integral llegará en la década de los 80 cuando la Unión Europea comience a implementar estas políticas.

Desarrollo endógeno local y sostenibilidad (1980-1989). En los territorios rurales se comenzará a apostar por la diversificación y especialización de la economía, la calidad como seña distintiva de la producción rural, una industrialización más homogénea del territorio y el uso de los recursos locales. La sostenibilidad y el desarrollo humano comienzan a ser uno de los objetivos claves. A la hora de realizar programas se comienzan a tener en cuenta las ventajas y desventajas de las regiones.

Desarrollo rural endógeno y sostenible (1990-actualidad). Se busca el progreso humano en convivencia con el ecosistema, con importantes metas en economía, política y equidad social. El sector primario vuelve a ser uno de los pilares del desarrollo rural, se da cierta unidad metodológica (siguiendo lo pautado en el LEADER), con un proceso de autocrítica y mejora constante, donde la tecnología y el cambio institucional son pilares fundamentales. Este nuevo concepto de desarrollo ha conseguido cambios culturales profundos en el entorno rural, aunque no ha recabado los éxitos económicos esperados.

A la hora de afrontar el análisis del impacto de las políticas de desarrollo rural deberemos estudiar estas desde una perspectiva histórica, ya que el concepto de desarrollo rural ha ido variando a lo largo del tiempo. Tanto los objetivos como el tipo de medidas han variado a lo largo del tiempo, siempre con un mismo fin, revitalizar a las zonas rurales, para darles unas oportunidades similares que a las zonas urbanas.

Por último, podríamos ubicar a Almadén y los municipios adyacentes dentro de lo que se ha pasado a considerar como España vaciada. Aunque, la consideración de la zona como parte de la España vaciada ha pasado desapercibida, ya que no cuenta con movimientos reivindicativos presentes a escala nacional[10], al mismo tiempo que la situación conjunta de la provincia de Ciudad Real no es tan grave como la de otras provincias como Teruel o Soria. Almadén y el resto de municipios estudiados comparten con estas provincias las siguientes características: pérdida de población, baja densidad poblacional, envejecimiento, dependencia del sector primario (exceptuando, en parte, a Almadén), falta de diversificación económica, infraestructuras y servicios limitados, escasas salidas laborales y rico patrimonio medioambiental y cultural (Del Molino Molina, 2020). Lo que queda fuera de toda duda es que Almadén y el resto de municipios estudiados fueron claros perjudicados en los procesos de concentración económica y poblacional que se centraron en la periferia y en la capital nacional.

2
CONTEXTO HISTÓRICO

El desarrollo rural le da una importancia prima a la etnología, así como a la conservación de los elementos distintivos de un pueblo y su puesta en valor. Por lo tanto, antes de comenzar a habar de las medidas tomadas para revitalizar la comarca MonteSur será necesario conocer su historia. Esta historia se va a encontrar estrechamente ligada con el mercurio, que para algunos historiadores se comenzó a extraer en los siglos VIII o VII a. C., aunque otros llegan a retrotraer su extracción hasta los inicios del Neolítico (siglo X a. C.) (García Bueno & Blanco Fraga, 2017). Por lo tanto, no es de extrañar que buena parte de las iniciativas de desarrollo rural que afecten a la zona vayan a estar estrechamente relacionadas con la historia de la explotación del mercurio, ya que la zona lo ha extraído durante más de dos milenios de forma ininterrumpida.

La historia de la comarca MonteSur gira especialmente en torno a Almadén y más minoritariamente a Chillón; el primero por poseer las minas y el segundo por su rango de señorío desde el medievo. Por lo tanto, a la hora de estudiar la historia de la comarca nos centraremos especialmente en Almadén, ya que la ventura del resto de municipios de la zona ha estado ligada a la de Almadén. La historia de la comarca también resulta fundamental a la hora de entender la historia económica española y mundial, especialmente durante la Edad Moderna. Por último, la evolución histórica del desarrollo económico de Almadén nos ayuda a entender la situación actual de la comarca, como resultado de su histórica dependencia hacia la extracción del mercurio. El mercurio es un mineral extremadamente raro de encontrar en la naturaleza, por lo que son pocos los casos de grandes yacimientos, siendo el de Almadén el mayor del mundo.

2.1. PREHISTORIA

Se tiene constancia de la existencia de asentamientos humanos en la comarca desde el Neolítico, con residencias permanentes ubicadas en lo alto de cerros (García Bueno & Blanco Fraga, 2017). Estas primeras poblaciones se relacionan con una serie de pinturas rupestres que se encuentran presentes por toda la comarca, realizadas entre el Neolítico y la Edad del Hierro, por lo que es posible ver cómo evolucionan las pinturas a través de los siglos, un ejemplo de estas se puede ver en el yacimiento de la Virgen del Castillo.

Pintura rupestre del yacimiento de la Virgen del Castillo, roca número 1 (Chillón). Fuente: Comarca MonteSur.

Las pinturas aún conservan algunas de las características del arte neolítico, tales como la monocromía (predomina casi exclusivamente el color rojo), ubicación en abrigos rocosos, representación de tipo esquemática de animales y seres humanos, e incluso se pueden distinguir armas y herramientas en las pinturas más modernas (García Bueno & Blanco Fraga, 2017). La funcionalidad de estas pinturas sería la realización de rituales en sus inmediaciones, utilizándose el sulfato de mercurio para dichas prácticas (Rodríguez Martínez, 2008). Otra pieza a tener en cuenta de este periodo es el tesoro de las Navas de Almadenejos, de la Edad del Hierro, que está compuesto por varias piezas realizadas en plata, que ponen de manifiesto la riqueza minera de la zona.

En el término municipal de Chillón han sido encontradas tres estelas de guerrero, a las que hay que unir otras tres estelas encontradas en el resto de los municipios sometidos a estudio, estando datadas todas ellas en la Edad del Bronce y la Edad del Hierro. Un ejemplo de estas estelas es la estela del guerrero (Chillón III) (García Bueno & Blanco Fraga, 2017). Estas estelas suelen representar a seres humanos, elementos decorativos o algún tipo de arma, perteneciendo a las civilizaciones prerromanas de la Península Ibérica. Las estelas han sido encontradas en las inmediaciones de asentamientos poblacionales y las vías de comunicación que conectaban estos, esta situación se puede ver en el mapa de la página siguiente. En líneas generales están realizadas en cuarcita, un material abundante en la zona, con formas similares al rectángulo cuyos bordes parecen invitar a pensar que eran clavadas en la tierra (García Bueno & Blanco Fraga, 2017). El significado exacto de las estelas sigue sin ser claro, pero podrían haber sido usadas para conmemorar a guerreros importantes, marcando sus tumbas o como monumentos en su honor. Las armas y otros objetos representados en las estelas podrían simbolizar el poder y la riqueza del individuo conmemorado, así como su rol en la sociedad.

Izquierda, estela del guerrero (Chillón III). Fuente: Museo Provincial de Ciudad Real. Abajo, vías de comunicación en relación con el descubrimiento de estelas del guerrero en la comarca de Almadén. Fuente: García Bueno y Blanco Fraga, 2017.

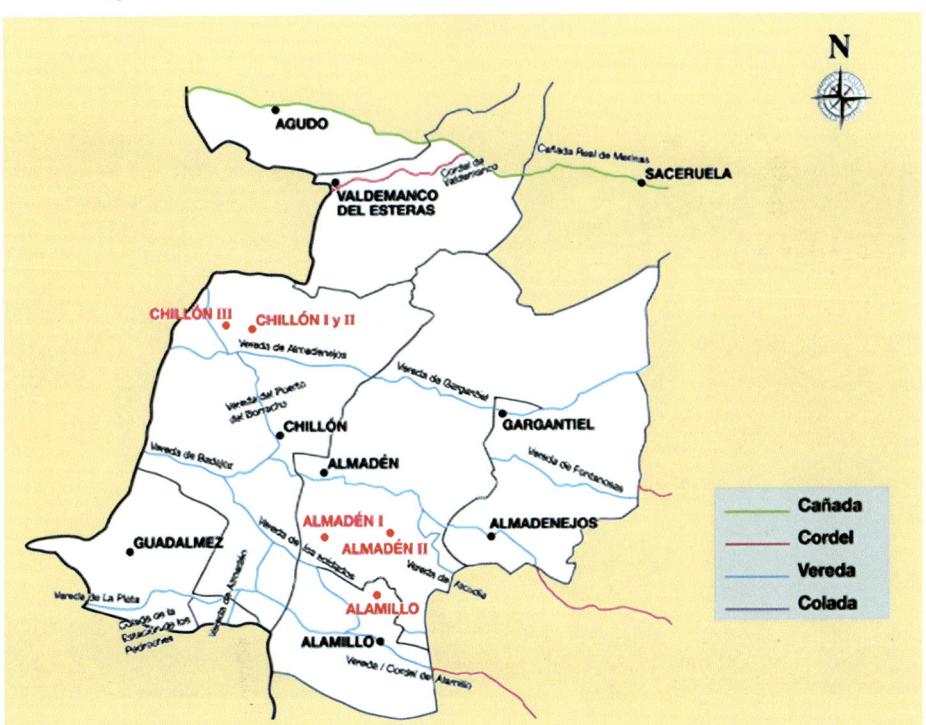

2.2. EDAD ANTIGUA

Un cambio radical en la historia de la comarca llegará con el asentamiento de los romanos en la Península Ibérica, a donde los romanos llegaron en el 218 a. C., tomando control sobre el territorio de Almadén entre el 154 y el 133 a. C. Buena parte de la historia romana de la comarca estuvo marcada por la proximidad de la ciudad de Sisapo, donde debemos diferenciar dos poblaciones, Sisapo Nova y Sisapo Vetus, el nombre de la ciudad viene a significar mina oculta. Una parte importante de la historiografía ha situado la ciudad de Sisapo Vetus en Almadén, aunque desde finales del siglo pasado se ha consensuado que esta ciudad se encontraría en La Bienvenida (pedanía de Almodóvar del Campo), aunque la comarca de Almadén formaría parte de la zona de influencia de la ciudad.

Sisapo Vetus jugaría un papel de gran importancia en la política económica del Imperio romano, ya que el mercurio extraído en sus minas sería empleado para la obtención de oro y plata que servirían para acuñar nueva moneda, en la siguiente fotografía se pueden ver las ruinas de Sisapo Vetus, aunque la actividad minera en época romana se extendió por toda la comarca, encontrándose minas de esta época en los términos municipales de Chillón (San José-Andrea) y Almadenejos (El Entredicho y La Nueva Concepción). También es destacable el yacimiento de Guadalperal, en Almadén, que parece presentar restos de un poblado minero de época romana.

Yacimiento de Sisapo Vetus (La Bienvenida). Fuente: *La Voz de Puertollano*.

Por otra parte, la ubicación de Sisapo Nova no queda clara, aunque muchos historiadores sitúan la ciudad en cl actual Almadén, en el Cerro de las Monas. Esta ciudad tendría una función auxiliar que, junto con el resto de asentamientos rurales, deberían pertrechar a Sisapo Vetus y el resto de zonas mineras. Estrabón en su famosa obra Geografía decía lo siguiente sobre la zona:

> «Por encima de Cástulo el río ya no es navegable. Una cadena de monta-ñas, ricas en metal, corren paralelas al río, acercándose al mismo unas veces más, otras veces menos. Hay mucha plata en la comarca de Ilipa y en la de Sisapo, tanto en el viejo como en el nuevo» (Estrabón, 18, citado en Rodríguez Serrano, 2016, pp. 236-237).

Por otra parte, el poeta romano Marco Valerio Marcial, destacaba la floreciente industria metalúrgica de la zona.

Las tierras de la comarca, ya en tiempos antiguos no resultaban propicias para las actividades primarias, a excepción de la dehesa de Castilseras. Sin embargo, también encontramos una serie de yacimientos de esta época relacionados con la ganadería y agricultura, cuya función sería pertrechar a los asentamientos dedicados a la explotación minera. Respecto a los poblamientos rurales los encontramos de tres tipos, el primero de ellos estaría compuesto por un único edificio que podría hacer las veces de almacén, ejemplos de estos poblamientos serían los Cerros de Calderón en Chillón o el Arroyo de la Pila en Almadén (Zarzalejos Prieto et al., 2012). Un segundo tipo de poblamiento rural estaría compuesto por una mayor cantidad de edificaciones, tal y como atestiguan los vestigios encontrados, cuyo ejemplo más relevante es el Cerro de la Mora en Chillón. Por último, encontramos los poblamientos de mayores dimensiones, denominados villas, que se ubicaban en las zonas llanas y tenían un área dedicada al alojamiento y otra al trabajo agropecuario. El ejemplo más claro de este tipo de poblamiento es el yacimiento de Calabazanos. Esta red de asentamientos rurales se encontraba muy desarrollada para el siglo I d. C. Su ubicación se dispuso cerca de las vías de comunicación y en posiciones estratégicas.

Aunque quizás el vestigio más importante de la presencia romana en la zona en Almadén es la calzada romana que transcurre por algunos de los municipios de la comarca. En concreto esta calzada es la vía 29 del Itinerario de Antonino. Esta vía era la encargada de comunicar Emérita Augusta, actual Mérida, con Cesaraugusta, actual Zaragoza, resultando fundamental de cara a comunicar las zonas periféricas con el interior de la Península Ibérica (Rodríguez Serrano, 2016). La vía 29 aparte de por Chillón también transcurre por Trujillanos, Valverde de Mérida, Medellín, Navalvillar de Pela (por donde atraviesa el río Guadiana), Peñalsordo, Zarza-Capilla, Capilla y La Bienvenida. Desde el tramo situado en La Bienvenida se podría cambiar de dirección para dirigirse también a Córdoba, Toledo o la costa mediterránea. Para agilizar la comunicación, cada 37 kilómetros se situaban las mansio que hacían las veces de hostal, para el descanso tanto de personas como de animales.

2.3. EDAD MEDIA

Con la caída del Imperio romano en el 476 toman el poder en la Península Ibérica los visigodos, un pueblo germánico que se asentó en el territorio durante el periodo del Bajo Imperio romano. Sin embargo, hay pocos restos de la presencia visigoda en la comarca, ni durante el periodo de capital en Tolosa (476-507), ni durante el periodo en donde la capital fue Toledo (507-711). En el 711 se inicia otro cambio de paradigma en la Península pues las fuerzas del Califato omeya comienzan la conquista de la Península que finalizará en el 726. Del periodo de gobierno musulmán son más los vestigios que han llegado hasta nuestros días, como monedas, aunque el más destacable de todos ellos es la abundancia de topónimos de origen árabe como el propio nombre de Almadén, que viene a significar «la mina». Al-Idrissi, un erudito árabe mencionó en época medieval que en las minas de Almadén trabajaban unas 1.000 personas (Rodríguez Martínez, 2008).

Durante el periodo de gobierno musulmán de la zona se construirán una serie de castillos, para defenderse de los ataques cristianos y proteger la explotación del mercurio. En Almadén encontramos el castillo de Retamar, edificado en el siglo XII, y en Chillón encontramos el castillo de Aznarón, del siglo IX, y el castillo de los Donceles, del mismo siglo. La abundancia de castillos musulmanes en esta zona atestigua el interés estratégico de Almadén y sus minas. Cuando la zona pase a control cristiano, estas fortalezas seguirán siendo utilizadas con una finalidad defensiva. De estos castillos, los que mejor se han conservado hasta nuestros días son el del Retamar y el del Aznarón.

Castillo de Retamar (Almadén). Fuente: Cadena Ser Almadén.

La comarca quedaría en poder musulmán hasta 1155 cuando la zona será conquistada por el reino de Castilla y León bajo el gobierno de Alfonso VII (Cabrera Muñoz, 2011). La zona ya bajo poder cristiano sería cedida a

Castillo de Aznarón (Chillón). Fuente: Turismo de Ciudad Real.

la Orden de Calatrava, dirigida por Nuño Pérez de Lara, en 1168, cuando en Castilla reinaba Alfonso VIII, aunque la mitad de la producción de la mina seguiría en manos de la Corona. En estos momentos la comarca MonteSur se encontraba en la frontera con los territorios musulmanes, lo que ocasionaba una gran inseguridad y el fracaso inicial de los intentos de repoblación, diciéndose de los territorios que se encontraban: «abandonados y deshabitados» (Sahib Al-Salá, 1969, citado en Cabrera Muñoz, 2011, p. 19). Es de suponer que buena parte de las tierras de la comarca volvieran a control musulmán tras la derrota cristiana en la batalla de Alarcos (1195). El dominio cristiano volvería a ser efectivo sobre la comarca tras la victoria cristiana en las Navas de Tolosa (1212), asegurándose el control cristiano sobre la frontera sur a partir de este momento.

La seguridad en la comarca se vio reforzada una vez sometida la ciudad de Córdoba por Fernando III en 1236, pasando las poblaciones y fortificaciones de la comarca a ser dependientes de Córdoba desde 1243, aunque continuarían bajo la jurisdicción parcial de la Orden de Calatrava. A pesar de ello, la nueva división administrativa daría lugar a continuos conflictos entre las autoridades de Córdoba y la Orden de Calatrava. Pero el derecho de la Orden de Calatrava a explotar las minas de Almadén quedará ratificado por los sucesivos reyes de Castilla, tal y como hará Fernando III en 1249 y Alfonso X en 1254 (Cabrera Muñoz, 2011). La situación cambiaría en 1282, durante la disputa sucesoria entre Sancho IV y los infantes de la Cerda. Este primero le otorgó la totalidad de las minas de Almadén a la Orden de

Calatrava, para atraer a la organización a su causa. En 1308, ya durante el reinado de Fernando IV, la Orden de Calatrava recibió una nueva concesión, el monopolio en la comercialización del mercurio (Villar Díez, 2007).

En 1318 se firmaría en Chillón un acuerdo entre las tres principales órdenes militares del momento, Calatrava, Santiago y Alcántara, comprometiéndose, de manera conjunta, a defender el territorio frente a injerencias islámicas (Cabrera Muñoz, 2011). En 1344 Chillón pasa a ser considerado como un señorío, pero la explotación de la mina siguió en manos de la Orden de Calatrava. Durante estos siglos de domino de la zona la Orden de Calatrava no se dedicaría a la explotación directa del mercurio, optando generalmente por el arriendo de la mina a comerciantes extranjeros (Villar Díez, 2007). En 1417 Almadén pasa a ser considerada como una villa, rango que fue reafirmado por los Reyes Católicos en 1490.

2.4. EDAD MODERNA

Con la llegada de esta nueva edad, dos sucesos van a marcar un auténtico cambio de paradigma para la comarca MonteSur. Con la Edad Media próxima a terminar se empieza a configurar un nuevo tipo de Estado, pasando del Estado feudal y descentralizado a uno absoluto y centralizado. Este nuevo tipo de organización política no podía aceptar que en su seno existieran organizaciones tan poderosas como las órdenes militares. Por todo ello, en 1487 Fernando el Católico se hizo con el mando de la Orden de Calatrava, siendo su control hereditario entre los reyes de España a partir de este momento. De esta forma, la explotación del mercurio de Almadén volvía a manos de la Corona de forma indirecta. Por otro lado, en 1492 Cristóbal Colon llega a América y unos años después los españoles comienzan a colonizar este nuevo continente. Dentro del inmenso abanico de nuevos recursos que se ponen a disposición de los españoles destacan los recursos naturales, en cuya extracción jugará un papel clave el mercurio.

Carlos I, nieto de los Reyes Católicos, conseguiría aunar en su persona los tronos de Castilla y Aragón a la muerte de su abuelo materno, Fernando, en 1516. Carlos I también era nieto por vía paterna del emperador del Sacro Imperio Romano Germánico, Maximiliano I, por lo que a su muerte en 1519 consiguió sucederle en el trono imperial. La concentración en la figura de Carlos I de la herencia de sus cuatro abuelos dio lugar a que buena parte del territorio europeo quedara bajo su dominio. Los gastos extraordinarios que supuso el nombramiento de Carlos I como emperador y los sucesivos conflictos[11] que se desarrollarán durante su reinado ocasionarán que la Corona se endeudase hasta niveles nunca antes vistos. Para aliviar un poco la carga financiera de la Corona, en 1525 se traspasa a los Fugger, una familia de banqueros alemanes, los maestrazgos de las órdenes militares, incluyendo las minas de Almadén.

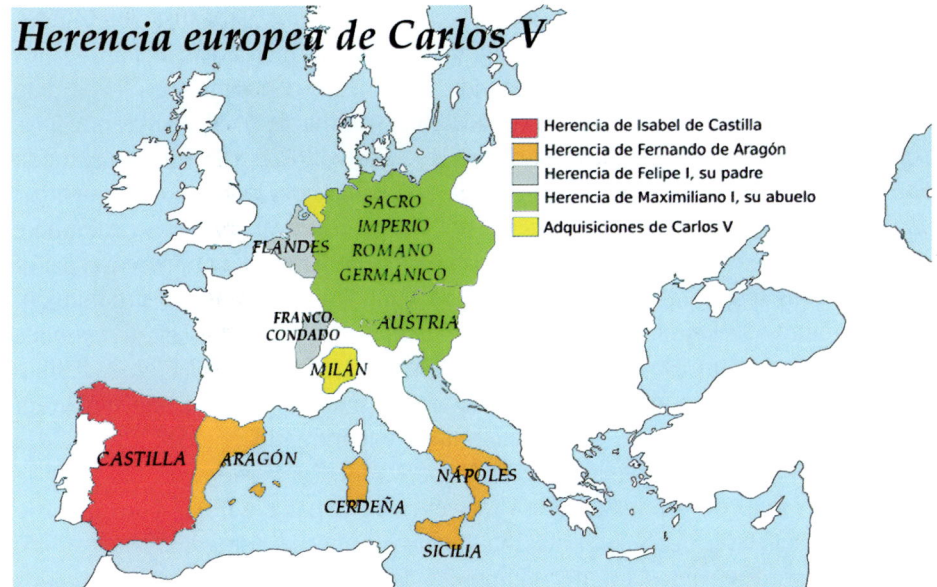

Herencia europea de Carlos V

Herencia de Isabel de Castilla
Herencia de Fernando de Aragón
Herencia de Felipe I, su padre
Herencia de Maximiliano I, su abuelo
Adquisiciones de Carlos V

Territorios bajo el dominio de Carlos I. Fuente: Real Academia de la Historia.

La familia Fugger renovaría el control sobre las minas de Almadén de la mano de Felipe II en 1573, estando en posesión de estas hasta 1645 (De la Barreda y Henríquez de Luna Treviño y Baíllo, 1958). La explotación de las minas por parte de los Fugger será todo un éxito, multiplicando por diez la producción que la mina había tenido en 1500. Este éxito en la explotación del mercurio se debió a las mejoras técnicas traídas desde el centro de Europa, incluyendo la llegada de expertos del resto del continente (Silvestre Madrid & Almansa Rodríguez, 2022). La capacidad productiva de la mina podría haber sido incluso mayor; sin embargo, los Fugger tuvieron que afrontar una escasez de mano de obra. El trabajo en la mina resultaba muy lesivo para la salud humana, los accidentes eran comunes, además las partículas en suspensión daban lugar a enfermedades respiratorias en el largo plazo. La pureza con la que se encontraba el mercurio en Almadén generaba un alto grado de intoxicación, por los largos periodos de exposición directa (Silvestre Madrid & Almansa Rodríguez, 2022).

En 1554 en América se producirá un descubrimiento que cambiará para siempre la historia de Almadén. En ese año Bartolomé Medina inventará el conocido como «método de patios», un proceso mediante el cual se mezclaban sal, mercurio y la plata extraída de las minas, dando lugar a que los desechos se separaran de los minerales preciosos. Este método comenzó a utilizarse en la mina de Potosí en torno a 1570, aumentando a nivel mundial la demanda de mercurio. En este momento la actividad minera comenzará a configurarse como el único sustento económico de la comarca MonteSur, llegando a prohibir el asentamiento en Almadén de aquellas familias que no se dedicaran a la mina

(Doblado González, 2000 citado en Silvestre Madrid & Almansa Rodríguez, 2022). Sin embargo, aunque la demanda mundial de mercurio se disparó, los trabajadores seguían escaseando, llegando los Fugger a comprar esclavos para aumentar la producción, estando compuesta la plantilla de trabajadores por unas 600 personas (Silvestre Madrid & Almansa Rodríguez, 2022). El mercurio extraído en Almadén era transportado hasta Sevilla por los conocidos como caminos del azogue, y desde la capital andaluza embarcaba para cruzar el océano Atlántico.

Tanto los virreyes americanos como los enviados del monarca español instaban a los responsables de las minas de Almadén a aumentar la producción, pero ninguno de los interesados estaba dispuesto a realizar las inversiones necesarias (Silvestre Madrid & Almansa Rodríguez, 2022). Los Fugger habían tenido un largo historial de préstamos con los reyes de España; sin embargo, esta relación siempre había sido accidentada, encontrando grandes dificultades los banqueros a la hora de recuperar lo prestado. Por esta razón en 1631 la casa Fugger dejó de prestar dinero a los reyes de España, aunque consiguieron prorrogar la cesión de la explotación de las minas de Almadén hasta 1645. Los últimos años de los Fugger al mando de las minas estuvieron marcados por una importante disminución de la producción debido a los mayores costes operativos y la inflación de los salarios.

Tras 120 años en posesión de la familia Fugger las minas volvían a estar controladas por la Corona en 1646, en concreto, bajo la prerrogativa del Consejo de Hacienda. Los Fugger no realizaron cambios importantes ni en la organización urbanística ni en la dotación de servicios de la zona. Bajo la dirección del Consejo de Hacienda las actuaciones relativas a la mina fueron aún más inoperantes. Los pagos a los trabajadores de la mina comenzaron a no realizarse en tiempo y forma, por lo que muchos de los posibles trabajadores decidieron dedicarse a otras labores. En su búsqueda de trabajadores el Consejo de Hacienda comenzó a captar a los jóvenes de las poblaciones aledañas, a cambio de que dichas comunidades obtuvieran ventajas en el pago de impuestos y sus gentes no tuvieran que servir en el ejército (Silvestre Madrid & Almansa Rodríguez, 2022). En una Real Orden de 1679 Carlos II decía lo siguiente de las minas de Almadén:

> «de la falta que se experimenta en asistir a las personas que sirven en las minas del Almadén y del evidente riesgo en que se hallan de perderse, de que resultaría tanto perjuicio, pues faltarían azogues para el beneficio de la plata en Nueva España» (Silvestre Madrid & Almansa Rodríguez, 2022, pp. 315-316).

En la década de 1690 se encontró un nuevo yacimiento de mercurio a baja profundidad, lo que aumento temporalmente la productividad de la mina, aunque esta proximidad a la superficie generaría daños a las casas y espacios públicos de Almadén. La inoperancia del Consejo de Hacienda y las pretensiones del Consejo de Indias por hacerse con el control de las minas dio lugar a que esta segunda institución se hiciera con su mando en 1708. El Consejo de Indias comenzó rápidamente a implementar una serie de reformas destinadas a disminuir la burocracia para facilitar la actividad económica minera. El cambio de un consejo por otro estaría acompañado por el cambio de la dinastía gobernante en España, ya que al finalizar la Guerra de Sucesión española en 1715 la dinastía Borbón quedaba plenamente asentada. Los Borbones traerían a España una serie de ideas ilustradas que posibilitaron aumentar la productividad de la mina, tales como dar salarios más elevados a los mineros e impulsar mejoras técnicas. Estas mejoras dieron lugar a que entre 1752 y 1787 la población de Almadén llegara a más que duplicarse, estando por encima de los seis mil habitantes.

A pesar del crecimiento poblacional de la segunda mitad del siglo XVIII la fuerza de trabajo seguía siendo insuficiente por lo que se comenzaron a acometer una serie de reformas. La segunda mitad del siglo XVIII se va a constituir como el punto más álgido de la minería en la América española, a la par que marca uno de los momentos de mayor actividad de la mina de Almadén, como atestigua la siguiente tabla.

Tabla 1

PRODUCCIÓN DE MERCURIO DURANTE LA EDAD MODERNA

PERIODO	PRODUCCIÓN (QUINTALES CASTILLENOS)
1600-1650	184.343
1650-1700	108.611
1700-1750	270.853
1750-1800	671.005

Fuente: Silvestre Madrid y Almansa Rodríguez, 2022 (elaboración propia).

Por una parte, se incrementaron los beneficios fiscales y laborales de los que gozaban los trabajadores de la mina, se aumentó el número de técnicos e ingenieros, se construyeron nuevas casas y se aumentaron los servicios disponibles en el municipio (Silvestre Madrid & Almansa Rodríguez, 2022). Para solucionar esta escasez de mano de obra también se promulgó la Real Orden de 16 de noviembre de 1748, sancionada el 30 de octubre de 1749, en donde, aquellos presos que fueran condenados a remar en galeras, y ante la falta de estas, serían enviados a trabajar en las minas de Almadén, al considerarse ambas actividades parejas en penosidad (De la Barreda y Henríquez de Luna Treviño y Baillo, 1958). Para instrumentalizar esta Real Orden se construyó en 1754 la Real Cárcel de Galeras de Almadén, que sustituía a una construcción anterior.

2.5. EDAD CONTEMPORÁNEA

En 1790, ya entrando en la Edad Contemporánea, la explotación de las minas de Almadén volverá al Consejo de Hacienda, por encima del Consejo de Indias. El inicio del nuevo siglo resultó prometedor, ya que en 1801 la mina alcanzaba un máximo histórico en la extracción de mercurio (López Morell, 2008), aunque este cambio resultará intrascendente en comparación al que se iniciará un par de décadas después y alterará radicalmente el papel de España a nivel mundial. En 1808 se inicia la Guerra de Independencia española contra los franceses, situación que aprovecharán las colonias americanas para comenzar su proceso de emancipación. Este proceso comenzará en 1809 y finalizará en 1829, dejando a España sin ningún poder sobre la América continental. La pérdida de estos territorios supuso un reto existencial para Almadén y la comarca, pues la demanda de mercurio se vio reducida drásticamente.

En 1833 fallece el rey Fernando VII y estalla en España una guerra civil conocida como la primera Guerra Carlista (1833-1840), entre los defensores de Isabel II y los de Carlos María Isidro de Borbón, por la sucesión al trono. A esto hay que sumar una hacienda pública poco eficiente y empobrecida, que necesitaba recursos con urgencia para afrontar la guerra. Desde la independencia americana, las minas de Almadén no continuaron dando los ingresos esperados, por lo que se decidió utilizarlas para aliviar las condiciones económicas del Estado. En 1835 las minas de Almadén fueron arrendadas, en un proceso de subasta pública, a la familia de banqueros alemanes Rothschild. El arriendo se prolongará hasta 1857, aunque dicho arriendo fue revalidado para el periodo 1866-1921 (López Morell, 2008). Los Rothschild deseaban las minas desde hacía varios años, pero fue necesario saldar un conflicto con unas emisiones de deuda pública, realizadas durante el Trienio Liberal[12], antes de que estuvieran dispuestos a arrendarlas.

La familia Rothschild consiguió devolver a las minas de Almadén parte del esplendor que habían conseguido en la época colonial, mediante una gestión eficaz del monopolio del mercurio. La buena marcha del comercio de mercurio en este momento se puede relacionar con las actuaciones de la familia Rothschild, ya que también se habían hecho con la explotación de la mina de Idrija en Eslovenia, la segunda mayor mina de mercurio del mundo (López Morell, 2008). Las condiciones del contrato de 1835 resultaron ser muy beneficiosas para los Rothschild, por lo que rápidamente estallaron protestas contra la concesión, incluso de gobiernos americanos que seguían necesitando mercurio para sus actividades mineras. Sin embargo, las Cortes españolas tan solo se atrevieron a recortar ligeramente las ventajas del contrato, pues la familia Rothschild amenazó con dejar de comprar deuda española si las minas les eran arrebatadas.

En 1843 la concesión de las minas de Almadén volvió a salir a subasta pública, encontrándose en esta ocasión la familia Rothschild con una dura resistencia. A la subasta acudieron una serie de postores más proclives a los intereses del Gobierno central, sin embargo, los Rothschild volvieron a hacerse con las minas, aunque el precio de la concesión subió en un 35,8% (López Morell, 2008). La década de los cuarenta del siglo XIX será complicada para Almadén, ya que Europa sufrirá una contracción económica, se descubrirán nuevas minas de mercurio en América, y México, uno de los mayores demandantes de mercurio a nivel mundial disminuirá su demanda debido a sus problemáticas internas[13]. Los Rothschild intentaron recuperar sus beneficios pactando con las nuevas minas de mercurio descubiertas en América, a pesar de lo cual, los márgenes de beneficios no llegarían a recuperarse.

Ante el continuo descenso de los beneficios de la mina los Rothschild dejarían de concurrir al arrendamiento de esta, por lo que entre 1857 y 1866 la mina volvería a estar bajo el control del Gobierno. A esto hay que unir una mejora de las condiciones del fisco en general, que reforzó la pretensión del Estado de recuperar la explotación de las minas. El Estado se basó en un sistema de precios fijos para dar salida al mercurio. Sin embargo, estas iniciativas si bien resultaron lucrativas para el erario público no llegaron a igualar los beneficios percibidos durante el arriendo de las minas a los Rothschild (López Morell, 2008). Durante este periodo se producirá una división dentro del mercado mundial del mercurio enfocándose la mina de Almadén en atender a la demanda europea, mientras que las minas americanas se encargarían de la demanda de su continente.

La situación financiera del Estado comenzó a deteriorarse en 1864, estallando una gran crisis económica para 1866, ocasionando que nuevamente el Gobierno estuviera necesitado de ingresos, recuperando de esta forma los Rothschild el control de la mina (López Morell, 2008). En esta nueva etapa la familia Rothschild apostó por realizar contratos de más larga duración con el Gobierno, para asegurarse su explotación. La situación financiera española será proclive a estos largos contratos, ya que estaban necesitados de financiación para afrontar las múltiples guerras en las que estuvieron involucrados a finales del siglo XIX[14]. También se comenzarán a realizar una serie de mejoras técnicas que aumentarán la extracción de mercurio, pero que también generarán un movimiento ludista[15] en la zona (López Morell, 2008). Durante la Primera Guerra Mundial la venta de mercurio acarreó beneficios extraordinarios, se estableció un acuerdo comercial con Italia, que ahora poseía la mina de Idrija, consiguiendo vender a un alto precio, a pesar de no poder comerciar con los imperios centrales.

Concluido el contrato en 1921 el Gobierno, esta vez en manos de Maura, no puso la explotación de las minas a subasta, sino que decidió explotarlas con los medios gubernamentales. Con anterioridad y para encargarse de esta labor se había creado en 1918 el Consejo de Administración de las Minas de Almadén (Villar Díez, 2007). Aunque los primeros años resultaron complicados, al poco tiempo se comenzó a vender el mercurio con normalidad en los mercados internacionales. Se llegó a firmar un acuerdo entre España e

Italia bajo el nombre de «Mercurio Europeo» para repartirse los beneficios del comercio del mineral, generando un oligopolio a escala mundial. El acuerdo estaría en vigor entre 1928 y 1949 (Almansa Rodríguez & Hernández Sobrino, 2020). En 1928 Almadén alcanzaba su máximo histórico en la producción de mercurio (75.000 frascos), sin embargo, al año siguiente estallaba a nivel mundial una crisis económica y financiera como nunca antes se había visto. El Crac del 29 obligó a que la mina prescindiera de buena parte de sus empleados, y la producción no consiguió recuperarse hasta 1936, situación que no se mantendría en el tiempo ante el estallido de la Guerra Civil.

El 17 de julio de 1936 comienza en España la Guerra Civil, que enfrentará a los defensores de la Segunda República y a los autodenominados como «bando nacional». Durante la práctica totalidad de la contienda la zona de Almadén se encontrará bajo dominio republicano, consciente de su importancia estratégica la República decidió defender la zona. El general Francisco Franco, líder de los nacionales, tenía la intención de tomar Almadén para repartirse con la Italia fascista el mercado mundial de mercurio (Mansilla Escudero, 1998). Con la tentativa de conquistar la zona se desarrolló en abril de 1937 la batalla de Pozoblanco donde los nacionales fueron derrotados y los republicanos fortalecieron su dominio de la zona mediante un sistema de trincheras. Para estas alturas el método de patios ya había caído en desuso, pero el mercurio encontró otras utilidades en el mundo militar como explosivo o en armas químicas, manteniendo una importante producción durante la contienda como se puede ver en la tabla 2. La zona de Almadén caería en manos nacionales cerca del fin de la guerra, en marzo de 1939, no sufriendo ningún daño las instalaciones mineras durante la conquista.

Tabla 2

PRODUCCIÓN DE MERCURIO EN LAS MINAS DE ALMADÉN DURANTE LA GUERRA CIVIL (1936-1939)

AÑO	PRODUCCIÓN EN FRASCOS DE MERCURIO
1936	44.944
1937	28.357
1938	39.818
1939	28.784

Fuente: Trujillo Rodríguez, 2012 (elaboración propia).

Al término del conflicto civil la mitad de los trabajadores fueron despedidos por considerarles sospechosos de ser de izquierdas, llegándose a crear campos de concentración en Chillón y Almadenejos (Hernández de Miguel, 2019). Nuevos trabajadores fueron contratados en el mismo 1939 para suplir a aquellos que por causas políticas tuvieron que abandonar sus puestos. Los años de posguerra fueron duros para Almadén, al igual que para el resto del país, a lo que hay que sumar que los trabajadores de la mina se encontraban desprovistos de los últimos avances tecnológicos y de las más mínimas medidas de seguridad. La precariedad de medios y la escasa mano de obra hizo que en 1940 y hasta 1944 hubiera en Almadén presos para trabajar en la mina, enviados por el Patronato Central para la Redención de Penas por Trabajo[16] (Almansa Rodríguez & Hernández Sobrino, 2020). A pesar del inicio de la Segunda Guerra Mundial España seguía controlando conjuntamente con Italia el mercado mundial de mercurio.

En 1942 se gastan 18 millones de pesetas en mejorar la maquinaria, ya que la mayoría de los trabajos eran realizados a mano. Sin embargo, al finalizar la Segunda Guerra Mundial España quedó aislada internacionalmente, por lo que no pudo acudir a los mercados internacionales para comprar maquinaria y se tuvo que recurrir a animales de tiro para realizar muchos de los trabajos (Almansa Rodríguez & Hernández Sobrino, 2020). A todo esto, hay que añadir que cada vez era necesario excavar más profundo para conseguir mercurio, el cual cada vez era de peor calidad por lo que los costes de producción aumentaron. Aun con todo, se tiene constancia de que unas 2.500 personas trabajaban en la mina. En 1953 España firma tratados con la Santa Sede y con Estados Unidos y en 1955 es aceptado como miembro de las Naciones Unidas, siendo nuevamente reintegrado en la comunidad internacional, lo que aumentará la venta de mercurio en los mercados internacionales.

A partir de la década de 1960 comenzará el declive de la zona, ya que el mercurio era cada vez menos demandado, dándose en esta década una pérdida de población superior a las 2.500 personas. Al desuso del mercurio hay que sumar la mala fama que adquirió el material por los accidentes ocurridos en Japón en 1953 y en Irak en 1971, que dieron lugar a la intoxicación de la población (Hernández Sobrino, 2007). En 1982 el Consejo de Administración de Minas de Almadén y Arrayanes era sustituido por Minas de Almadén y Arrayanes Sociedad Anónima (MAYASA), una empresa pública. La falta de salidas para el mercurio ocasionó que en 1988 la mina de Almadén tuviera que detener su actividad. Para paliar parcialmente la pérdida de empleos se abrieron dos nuevas minas en la comarca: El Entredicho, activa entre 1979 y 1997, y Las Cuevas, activa entre 1987 y 1999. Las nuevas minas pronto se quedaron sin material, por lo que la mina de Almadén retomó la actividad en el 2000, aunque en el 2001 dejó de extraer mercurio y en el 2003 cesaron las actividades de transformación en la superficie (Trujillo Rodríguez, 2012). El golpe definitivo para la industria de la zona procedió de la Unión Europea (UE) que en 2011 prohibía la utilización de mercurio.

3
CARACTERÍSTICAS NATURALES
Y COMUNICACIONES

El contexto natural y las infraestructuras de comunicación con las que cuenta un territorio resultan un condicionante de primer orden para el desarrollo económico. Este razonamiento se conecta estrechamente con la TCE y la TCI que enfatizan la importancia que tienen las infraestructuras en el desarrollo de una región, mientras que otras teorías como la TDE le da importancia a los recursos con los que cuente la región de cara a desarrollarse y la TCA también hace hincapié en la importancia de tener un recurso atractivo para los mercados. En definitiva, tanto los recursos naturales con los que cuente una región, como las vías de comunicación existentes para transportar dichos recursos condicionarán el desarrollo de la región. En este sentido, debe remarcarse la idea de que las infraestructuras son necesarias, pero no suficientes para alcanzar el crecimiento y el desarrollo territorial. Es necesario algo más. Ya en Italia, cuando desde instancias europeas, no se destinaban recursos para corregir las desigualdades territoriales y eran los propios Estados los que afrontaban dichas inversiones, se vio con claridad cómo la construcción y puesta en marcha de grandes infraestructuras de tipo viario sirvió para acelerar la emigración desde las áreas que peor se encontraban en aquellos momentos. También en España, algún que otro proceso de esta naturaleza se ha producido.

3.1. CARACTERÍSTICAS NATURALES

La comarca MonteSur se ubica en una encrucijada de paso obligado para ir de la Meseta al Levante. Encontramos cierta variedad respecto a la extensión de cada uno de los municipios, como puede verse en la tabla 3 y en el gráfico 1. Los ocho municipios que configuran la comarca MonteSur tienen conjuntamente una extensión de 1.306,63 km², entre los cuales el que cuenta con unas menores dimensiones es Alamillo, con 67,29 km², y el de mayor tamaño es Saceruela, con 247,28 km² (INE, 2024). Geográficamente la comarca se encuentra en la comunidad autónoma de Castilla-La Mancha, en el extremo suroeste de la provincia de Ciudad Real. La comarca limita con las comunidades autónomas de Andalucía y Extremadura, convirtiéndose en una zona de contacto entre las tres comunidades, algo que se puede ver en el acento de sus pobladores, a medio camino entre el extremeño y el andaluz oriental.

Tabla 3

SUPERFICIE DE LOS MUNICIPIOS ESTUDIADOS Y DENSIDAD DE POBLACIÓN

MUNICIPIO	SUPERFICIE (KM²)	POBLACIÓN (2022)	DENSIDAD DE POBLACIÓN POR KM²
Alamillo	67,29	464	6,90
Agudo	227,31	1.615	7,10
Almadenejos	102,88	391	3,80
Almadén	239,64	5.069	21,15
Chillón	207,78	1.758	8,46
Saceruela	247,28	526	2,13
Guadalmez	71,99	718	9,97
Valdemanco del Esteras	142,46	164	1,15
TOTAL	1.306,63	10.705	8,19

Fuente: INE (elaboración propia).

Gráfico 1

REPRESENTACIÓN GRÁFICA EN KM² DE LOS MUNICIPIOS DEL ESTUDIO

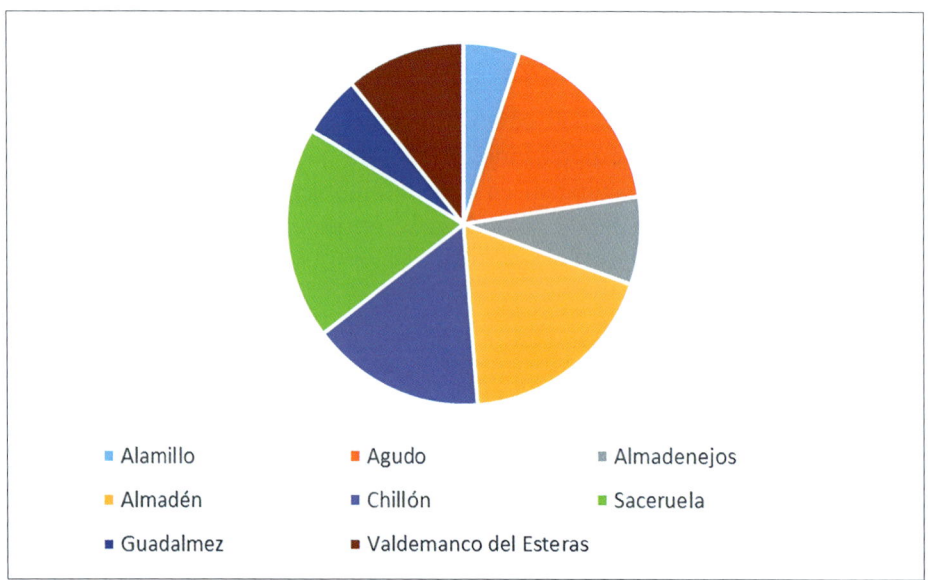

Fuente: INE (elaboración propia).

Durante el Precámbrico la zona se encontraría en la costa del continente, iniciándose un proceso de sedimentación del suelo marino que, en la actualidad, conforma la comarca MonteSur. Este proceso de sedimentación se vería reforzado por los desprendimientos de rocas submarinas y el flujo de las corrientes.

A finales del Precámbrico la zona saldría a la superficie y estaría expuesta a la erosión, para posteriormente volver a estar debajo del agua y continuar con el ciclo de sedimentación (García Bueno & Blanco Fraga, 2017). Durante el periodo Silúrico el mercurio del interior del planeta será expulsado hacia la superficie por los ciclos volcánicos, quedando yuxtapuesto a la cuarcita. Todo este proceso configuró el territorio que actualmente estudiamos, haciendo que la cuarcita sea el elemento predominante en la constitución del suelo.

Pero será durante el Carbonífeo cuando la comarca adquiera el aspecto que tiene hoy en día, caracterizado por su compleja orografía. En el Carbonífero se creaban valles a la par que se levantaban montañas, que con la erosión se han suavizado. Este proceso va a generar un suelo poco propicio para las actividades primarias, por dos motivos: la abrupta orografía y la escasa presencia de nutrientes en el suelo (García Bueno & Blanco Fraga, 2017). Esta prolongada historia geológica que ha conformado el territorio de la provincia ha impulsado el proyecto «Geoparque Volcanes de Calatrava», un proyecto de desarrollo que ponga de relieve el atractivo turístico de la zona (Espinar Sánchez, 2021). El Geoparque, del que forma parte Almadén, fue reconocido por la UNESCO en 2024, el territorio que ocupa se puede ver en la imagen siguiente.

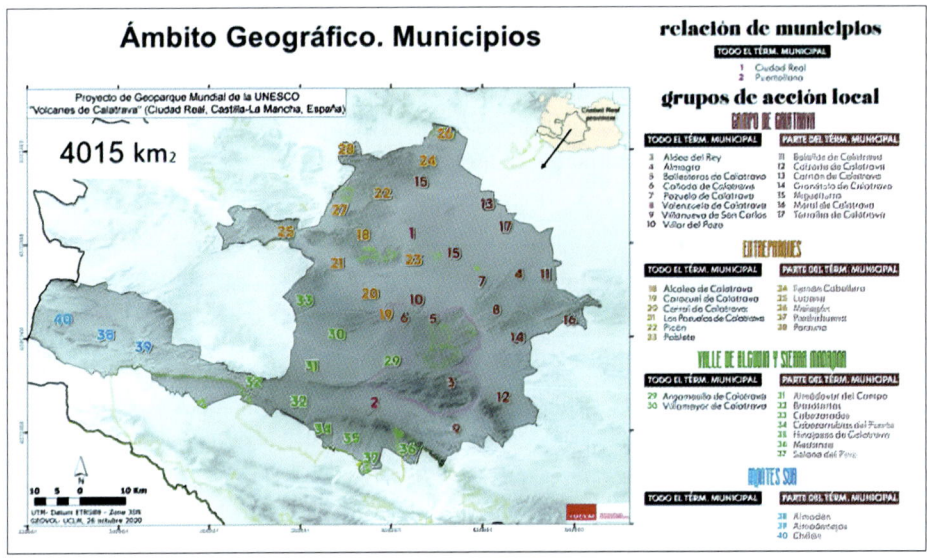

Área del Geoparque Volcanes de Calatrava. Fuente: *Lanza Digital*, 2021.

Respecto al mercurio, este puede encontrarse de dos maneras diferentes en los municipios que conforman la comarca MonteSur. El primero de los procesos de aparición del mercurio se relaciona con la actividad volcánica, en depresiones circulares similares a un cráter, el proceso de creación de la roca por compactación aún no ha llegado a su punto culmen, encontrándose el mercurio impregnado en la cuarcita (Zarzalejos Prieto et al., 2012). La segunda forma en la que encontramos el mercurio es en vetas y en sustitución de piedras volcánicas, generando yacimientos de mercurio de dimensiones más reducidas, pero de una mayor calidad (Zarzalejos Prieto et al., 2012). Cada tipo de yacimiento requiere de una metodología de trabajo diferente. Ejemplo del primer tipo de yacimiento son las minas de Almadén o La Vieja Concepción, mientras que al segundo pertenecen las minas de Las Cuevas y Guadalperal.

La comarca MonteSur está recorrida por una serie de ríos y afluentes entre los que destacan dos: el río Guadalmez y el Valdeazogues, ambos enmarcados dentro de la cuenca hidrográfica del Guadiana (Ministerio para la Transición Ecológica y el Reto Demográfico, 2024). El río Valdeazogues es afluente del Guadalmez que, a su vez, es afluente del Zújar, que es el río sobre el que se establece el embalse de La Serena. Especial mención requiere este embalse, por ser el tercero más grande del continente, la mayor parte de este se encuentra en la provincia de Badajoz; sin embargo, en uno de sus puntos se extiende sobre el municipio de Guadalmez.

Si accedemos a la página web de Infraestructuras del Agua de Castilla-La Mancha y a la de Iagua data[17] encontramos que la comarca cuenta con siete estaciones de depuración de aguas residuales (EDAR) que dan servicio a todos los municipios de la comarca MonteSur (Infraestructuras de Agua de Castilla-La Mancha, 2024). Las EDAR tienen la finalidad de procurar agua potable para la población a partir de agua no potable, contando con algunas características de la economía circular. Las EDAR de la comarca cuentan con las siguientes características técnicas según la página web de Infraestructuras del Agua de Castilla-La Mancha e Iagua data:

ALAMILLO
    Nombre: Alamillo
        Habitantes equivalentes de diseño: 1.000

SACERUELA
    Nombre: Saceruela
        Habitantes equivalentes de diseño: 1.566

AGUDO
    Nombre: Agudo Este (A)
        Habitantes equivalentes de diseño: 1.250
    Nombre: Agudo Oeste (B)
        Habitantes equivalentes de diseño: 1.250

ALMADENEJOS
    Nombre: Almadenejos
        Habitantes equivalentes de diseño: 1.000

ALMADÉN Y CHILLÓN
    Nombre: Almadén-Chillón
        Habitantes equivalentes de diseño: 17.900

GUADALMEZ
 Nombre: Guadalmez
  Habitantes equivalentes de diseño: 1.700

El sistema de medición que se utiliza para estimar la capacidad de las EDAR es el de habitantes equivalentes, que hace referencia a que esta depuradora está preparada para tratar las aguas contaminadas del número de personas indicadas y cargas equivalentes procedentes de la industria y el resto de sectores productivos. Valdemanco del Esteras no cuenta con depuradora debido a su escasa población, pero el agua tratada le llega desde las instalaciones de Agudo, que cuenta con dos EDAR para poder abastecer a ambos municipios. Para el año 2023 la comarca MonteSur contaba con una población de 10.623 habitantes, mientras que su capacidad de depuración ascendía a los 25.666 habitantes equivalentes, por lo que los municipios no tendrán dificultades si en el medio plazo deciden realizar actividades que requieran un uso más intensivo del agua. Cuando el agua depurada no es suficiente los municipios de la comarca recurren a tomar agua de depósitos subterráneos o diferentes tipos de fuentes de agua superficiales.

A la hora de analizar el clima de la comarca partiremos del análisis de Almadén, por tratarse del municipio más poblado y por no existir diferencias sustanciales entre municipios debido a la proximidad. En el gráfico 2 se recogen las temperaturas máximas y mínimas; en el gráfico 3, las precipitaciones; y en el gráfico 4, el máximo viento registrado en cada mes, todos ellos datos

Gráfico 2
TEMPERATURAS MÁXIMAS Y MÍNIMAS EN ALMADÉN (2023)

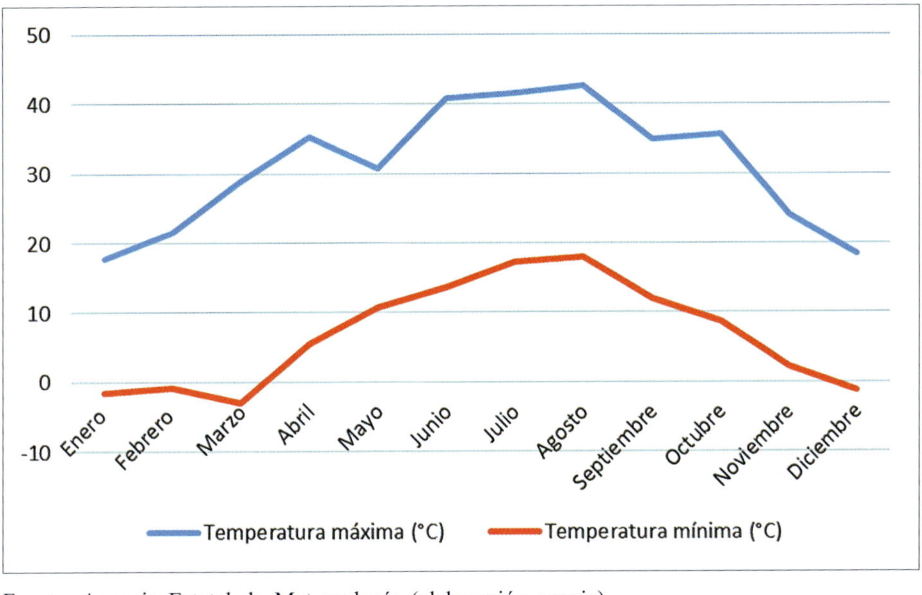

Fuente: Agencia Estatal de Meteorología (elaboración propia).

Gráfico 3
PRECIPITACIONES EN ALMADÉN EN MM (2023)

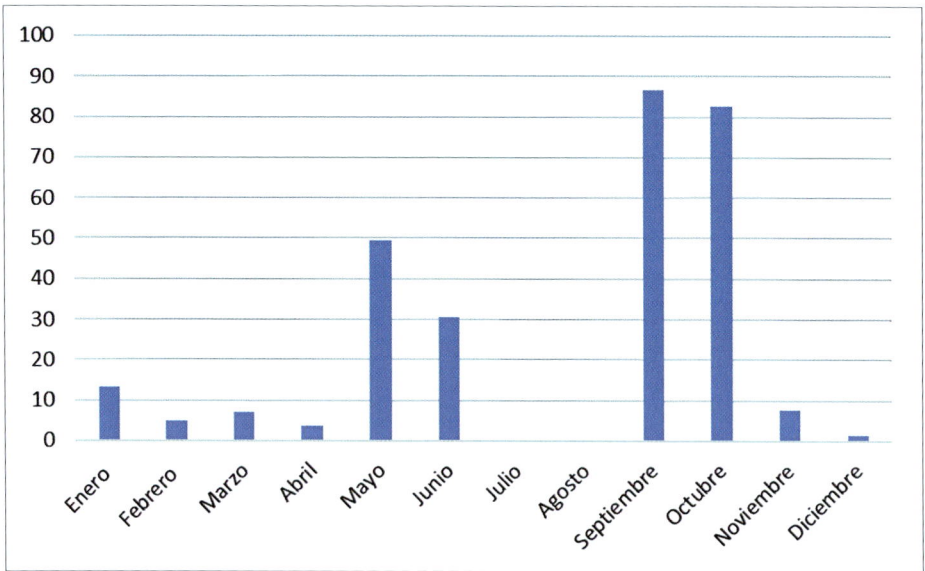

Fuente: Agencia Estatal de Meteorología (elaboración propia).

Gráfico 4
MÁXIMA DE VELOCIDADES DEL VIENTO CADA MES (2023)

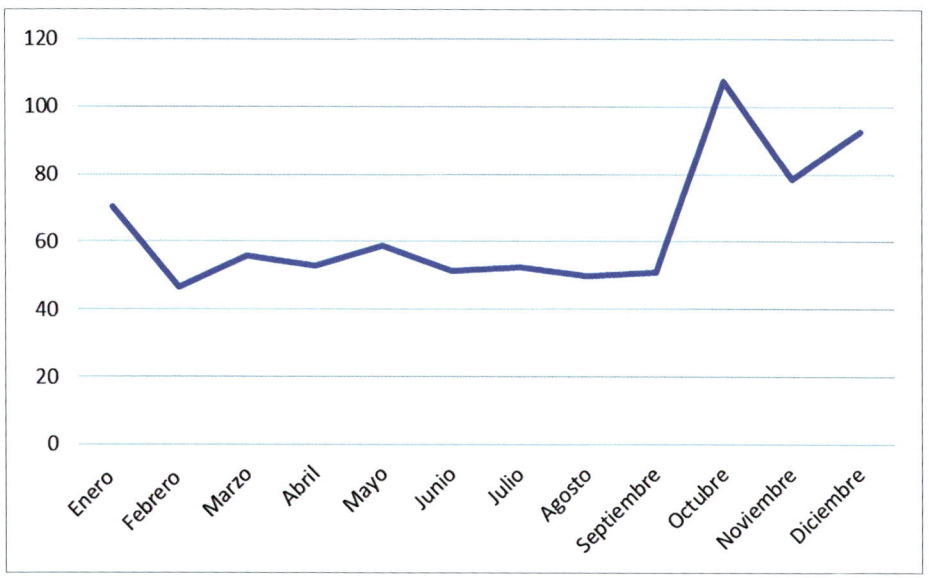

Fuente: Agencia Estatal de Meteorología (elaboración propia).

del 2023. El verano se caracteriza por la escasez de precipitaciones y las altas temperaturas, siendo agosto el mes más caluroso con una temperatura promedio de 42,6° C. La lejanía al mar provoca fuertes contrastes entre el verano y el invierno, ya que las grandes masas de agua tienen un efecto moderador. La temperatura mínima se ubica en los meses de invierno con una mínima de 2,9° C en marzo, mientras que los meses más lluviosos son los de otoño. En promedio al año hay sesenta días de lluvia que dan un total de precipitaciones anuales de 278,8 mm, siendo un escenario de precipitaciones moderadas.

En el paisaje de la comarca MonteSur abundan las dehesas, fruto del deterioro del bosque mediterráneo, debido a la interacción humana, destacando en el caso de la comarca la dehesa de Castilseras. El bosque mediterráneo fue perdiendo espesor vegetal debido a las necesidades de leña para los hogares y las actividades mineras, destacando el oficio de carbonero[18]. Además, de esta forma, se obtenía un territorio más propicio para la ganadería y la agricultura. Sin embargo, aún pervive el bosque mediterráneo en algunas zonas, especialmente en aquellas que son más abruptas, con abundancia de alcornoque, encina o madroño y una amplia variedad de fauna ibérica, desde grandes ungulados hasta pequeños mamíferos e insectos. Las condiciones climáticas y la composición del suelo han ocasionado que la ganadería haya estado en estrecha relación con la comarca, destacando las ovejas de raza merina y el cerdo ibérico. Como las tierras no eran muy productivas se solía apostar por la trashumancia, pasando por los municipios de la comarca la Cañada Real Segoviana y la Cañada Real Soriana Oriental (García Bueno & Blanco Fraga, 2017). Respecto a la agricultura, el clima hace que normalmente se opte por la agricultura de secano, con un claro predominio del olivo.

3.2. INFRAESTRUCTURAS DE TRANSPORTE

Las infraestructuras de transporte son un pilar fundamental en torno al cual se puede desarrollar el crecimiento económico. De no contarse con unas infraestructuras eficientes difícilmente se podrán atraer las inversiones y el talento necesarios para que una zona despegue económicamente. La calidad del transporte afecta directamente a los costes logísticos y operativos de las empresas, pero también repercute en las decisiones personales de los trabajadores a la hora de desplazarse a una nueva zona para desarrollar sus actividades laborales.

La comunicación por carretera de la comarca MonteSur se caracteriza por su falta de conectividad, teniendo que utilizar varias carreteras si se quiere ir a alguna de las capitales de provincia. Por la comarca no pasa ninguna autovía ni autopista. Aunque durante mucho tiempo se ha hablado de una ampliación de la A-43, esta no ha llegado a ponerse en marcha. La comunicación por carretera de la comarca se articula en torno a la nacional N-502, contando con una serie de carreteras autonómicas de diferente nivel que comunican los municipios con la nacional, entre ellos o con municipios ajenos a la comarca e incluso de otras comunidades autónomas (Diputación de Ciudad Real, 2024). La Diputación de Ciudad Real enumera las siguientes vías de comunicación terrestres para la comarca:

NACIONAL:

N-502. Conecta Espiel, en la provincia de Córdoba, con Ávila capital, pasando por los términos municipales de Agudo, Valdemanco del Esteras, Almadén, Chillón, Alamillo y Guadalmez.

AUTONÓMICO NIVEL 1:

CM-415. Conecta Almadén con Saceruela y continúa hasta unirse a la N-430.

AUTONÓMICO NIVEL 2:

CM-4202. Sale de la N-502, a la altura de la estación de Chillón, y pasa por Alamillo, hasta unirse con la N-420.

CM-4200. Conecta Chillón con Almadén y llega hasta Extradura, donde pasa a ser la EX323, llegando hasta las poblaciones de Capilla y Peñalsordo.

CM-4103. Sale de la N-502, a la altura de Agudo, hasta llegar a la Puebla de Don Rodrigo, donde se conecta con la E-903.

CM-4110. Aparece en Saceruela a partir de la CM-415, continúa hasta Abenójar, Cabezarados y Tirteafuera, terminando en Puertollano.

AUTONÓMICO NIVEL 3:

CR-4131. Va desde Alamillo hasta la frontera con Andalucía, pasando por San Benito. Cuando cruza el río Guadálmez, pasa a ser la CO-7103, que continúa hasta Torrecampo.

CR-4148. Comunica el apartadero de Alamillo con la población de este municipio.

CR-4143. Conecta Chillón con la N-502.

CR-4145. En Extremadura termina por unirse a la EX-323; ya en la provincia de Ciudad Real, une a Guadalmez con su estación de tren. También conecta al municipio con la N-502.

CR-4194. Nace en la frontera con la provincia de Badajoz, donde pasa de ser la BA-136 a la CR-4194. La BA-136 conecta Tamurejo, Siruela y Talarrubias con la provincia de Ciudad Real. La CR-4194 pasa por Agudo y conecta este municipio con la N-502 en las cercanías del mismo.

CR-4192. Conecta Almadenejos con Gargantiel; tras pasar esta última población, se conecta con la CM-415

CR-P-4146. Continúa en la provincia de Badajoz, siendo la BA-136, conectando Baterno con la provincia de Ciudad Real. Finalmente llega a Valdemanco del Esteras, donde pasa a ser la CR-4146, conectando el municipio con la N-502.

CR-424. Conecta los municipios de Almadén, Fontanosas, Almadenejos y Abenójar.

La comarca cuenta con dos estaciones de tren, construidas en 1865, destinadas originalmente a transportar materiales mineros y agrícolas producidos en estos municipios. Pero ocurre un fenómeno curioso, ya que las estaciones de tren no se encuentran en el municipio más poblado, Almadén, sino que están ubicadas en Guadalmez (Estación de Guadalmez-Los Pedroches) y Almadenejos (Estación de Almadenejos-Almadén). La ubicación de estas estaciones se debe a dos factores: por un lado, la proximidad de las minas y, por otro, la cercanía al palacio de Moret construido por Segismundo Moret y Prendergast[19] hacia 1890. Durante la segunda mitad del siglo XIX era normal que las construcciones ferroviarias tuvieran en cuenta las preferencias de la aristocracia[20], lo que explica la ubicación de las estaciones y su proximidad al palacio Moret.

Tabla 4

ITINERARIO DEL MEDIA DISTANCIA BADAJOZ-ALCÁZAR DE SAN JUAN (LUNES-DOMINGO)

POBLACIÓN	HORA DE PARADA
Badajoz	6:50
Montijo-El Molino	7:07
Montijo	7:10
Garrovilla-Las Vegas	7:18
Mérida	7:30
Guareña	8:07
Valdetorres	8:12
Don Benito	8:23
Villanueva de La Serena	8:29
Campanario	8:41
Castuera	8:56
Almorchón	9:14
Cabeza del Buey	9:21
Guadalmez-Los Pedroches	9:45
Almadenejos-Almadén	10:10
Brazatortas-Veredas	10:51
Puertollano	11:07
Ciudad Real	11:31
Almagro	11:52
Daimiel	12:07
Manzanares	12:24
Alcázar de San Juan	12:50

Fuente: RENFE (elaboración propia).

Tanto por las estaciones de Almadenejos como Guadalmez pasan diariamente cuatro trenes, como se detalla en la página web de RENFE, con los siguientes horarios (RENFE, 2024):

MEDIA DISTANCIA: salida de Badajoz (6:50) y llegada a Alcázar de San Juan (12:50). Con paradas en Guadalmez (09:45) y Almadenejos (10:10). Para ver el itinerario de este tren se puede consultar la tabla 4.

MEDIA DISTANCIA: salida de Alcázar de San Juan (15:35) y llegada a Badajoz (21:28). Con paradas en paradas en Guadalmez (18:34) y Almadenejos (18:07). Para ver el itinerario de este tren se puede consultar la tabla 5.

REGIONAL EXPRÉS: salida de Badajoz (14:20) y llegada a Puertollano (19:06). Con parada en Guadalmez (17:28) y Almadenejos (17:53). Para ver el itinerario de este tren se puede consultar la tabla 6.

REGIONAL EXPRÉS: salida de Puertollano (12:00) y llegada a Badajoz (16:05). Con paradas en Guadalmez (13:20) y Almadenejos (12:56). Para ver el itinerario de este tren se puede consultar la tabla 7.

Tabla 5

ITINERARIO DEL MEDIA DISTANCIA ALCÁZAR DE SAN JUAN-BADAJOZ (LUNES-DOMINGO)

POBLACIÓN	HORA DE PARADA
Alcázar de San Juan	15:35
Manzanares	15:58
Daimiel	16:13
Almagro	16:27
Ciudad Real	16:44
Puertollano	17:11
Brazatortas-Veredas	17:27
Almadenejos-Almadén	18:07
Guadalmez-Los Pedroches	18:34
Cabeza del Buey	18:58
Almorchón	19:05
Castuera	19:24
Campanario	19:37
Villanueva de La Serena	19:48
Don Benito	19:54
Valdetorres	20:05
Guareña	20:11
Mérida	20:35
Garrovilla-Las Vegas	20:56
Montijo	21:04
Montijo-El Molino	21:08
Badajoz	21:28

Fuente: RENFE (elaboración propia).

Tabla 6
ITINERARIO DEL REGIONAL EXPRÉS BADAJOZ-PUERTOLLANO (LUNES-DOMINGO)

POBLACIÓN	HORA DE PARADA
Badajoz	14:20
Guadiana	14:36
Montijo-El Molino	14:42
Montijo	14:46
Garrovilla-Las Vegas	14:54
Mérida	15:06
Guareña	15:41
Valdetorres	15:48
Don Benito	16:00
Villanueva de La Serena	16:06
Campanario	16:19
Castuera	16:34
Almorchón	16:54
Cabeza del Buey	17:02
Guadalmez-Los Pedroches	17:28
Almadenejos-Almadén	17:53
Brazatortas-Veredas	18:49
Puertollano	19:06

Fuente: RENFE (elaboración propia).

Tabla 7
ITINERARIO DEL REGIONAL EXPRÉS PUERTOLANO-BADAJOZ (LUNES-DOMINGO)

POBLACIÓN	HORA DE PARADA
Puertollano	12:00
Brazatortas-Veredas	12:15
Almadenejos-Almadén	12:56
Guadalmez-Los Pedroches	13:20
Cabeza del Buey	13:45
Almorchón	13:52
Castuera	14:10
Campanario	14:23
Villanueva de La Serena	14:34
Don Benito	14:39
Valdetorres	14:51
Guareña	14:58
Mérida	15:18
Montijo	15:45
Badajoz	16:05

Fuente: RENFE (elaboración propia).

La ubicación de las estaciones de tren en la comarca MonteSur no es la mejor, ya que se encuentran alejadas de Almadén, el mayor núcleo poblacional. Pero al mismo tiempo, las estaciones se encuentran alejadas de las viviendas que conforman Almadenejos y Guadalmez, teniendo que desplazarse las personas en coche para poder llegar a las estaciones. Por otra parte, los trenes que pasan por estas estaciones se encuentran conectados con tres capitales, Ciudad Real, Mérida y Badajoz, siendo necesario realizar un trasbordo si se quiere ir a cualquier otra capital de provincia.

Por último, considero necesario hablar de las líneas de autobuses con las que cuenta la comarca MonteSur. La empresa de autobuses AISA dispone de una línea entre Puertollano y Chillón que opera de lunes a viernes en ambos sentidos, con un autobús al día en cada sentido, y que además tiene paradas en Alamillo y Almadén. Para conocer el resto de paradas y los horarios de esta línea se aconseja consultar las tablas 8 y 9 (AISA, 2024).

Tabla 8

LÍNEA DE AUTOBÚS PUERTOLANO-CHILLÓN (LUNES-VIERNES)

POBLACIÓN	HORA DE PARADA
Puertollano	13:15
Almodóvar del Campo	13:30
Brazatortas	13:43
Viñuela	13:55
Veredas-Brazatortas	14:00
La Bienvenida	14:20
Alamillo	14:45
Almadén	15:05
Chillón	15:17

Fuente: AISA (elaboración propia).

Tabla 9

LÍNEA DE AUTOBÚS CHILLÓN-PUERTOLANO (LUNES-VIERNES)

POBLACIÓN	HORA DE PARADA
Chillón	7:15
Almadén	7:30
Alamillo	7:50
La Bienvenida	8:15
Veredas-Brazatortas	8:20
Viñuela	8:30
Brazatortas	8:40
Almodóvar del Campo	9:00
Puertollano	9:17

Fuente: AISA (elaboración propia).

La empresa AISA también cuenta con una línea Ciudad Real-Almadén que circula de lunes a viernes, con un autobús en cada sentido al día, aunque con cierta variedad en función del día. Para profundizar en el itinerario de esta línea se aconseja consultar las tablas de la 10 a la 13. Esta línea, además de en Almadén, para en Saceruela y Almadenejos (AISA, 2024). Además, la empresa Interbus tiene una línea directa Agudo-Ciudad Real que funciona de lunes a domingo con un trayecto de dos horas, siendo las salidas en Ciudad Real a las 16:30 y en Agudo a las 07:00 (Interbus, 2024). Por lo tanto, y a excepción de Guadalmez y Valdemanco del Esteras todos los municipios se encontrarían conectados mediante autobuses con una mayor o menor itinerancia.

Tabla 10

Línea de autobús Ciudad Real-Almadén (lunes, miércoles y viernes)

POBLACIÓN	HORA DE PARADA
Ciudad Real	15:30
Poblete	15:40
Corral de Calatrava	15:57
Cabezarados	16:22
Abenójar	16:27
Fontanosas	16:39
Almadenejos	16:59
Almadén	17:17

Fuente: AISA (elaboración propia).

Tabla 11

Línea de autobús Almadén-Ciudad Real (lunes, miércoles y viernes)

POBLACIÓN	HORA DE PARADA
Almadén	6:00
Almadenejos	6:15
Fontanosas	6:32
Abenójar	6:50
Cabezarados	6:55
Corral de Calatrava	7:20
Poblete	7:35
Ciudad Real	7:52

Fuente: AISA (elaboración propia).

En conclusión, las infraestructuras de transporte de la comarca Monte-Sur resultan insuficientes y obsoletas a la hora de conectar la comarca con el panorama nacional, siendo las comunicaciones con grandes urbes, como Madrid o Sevilla, muy complicadas. A escala regional, la situación 'intra'

Tabla 12

LÍNEA DE AUTOBÚS CIUDAD REAL-ALMADÉN (MARTES Y JUEVES)

POBLACIÓN	HORA DE PARADA
Ciudad Real	15:30
Poblete	15:40
Corral de Calatrava	15:57
Los Pozuelos	16:14
Cabezarados	16:22
Abenójar	16:27
Saceruela	16:47
Almadén	17:17

Fuente: AISA (elaboración propia).

Tabla 13

LÍNEA DE AUTOBÚS ALMADÉN-CIUDAD REAL (MARTES Y JUEVES)

POBLACIÓN	HORA DE PARADA
Almadén	6:00
Saceruela	6:30
Abenójar	6:50
Cabezarados	6:55
Los Pozuelos	7:10
Corral de Calatrava	7:20
Poblete	7:35
Ciudad Real	7:52

Fuente: AISA (elaboración propia).

mejora algo, aunque los problemas siguen estando presentes. En la comarca se echa en falta la presencia de una autovía que conecte la zona con el resto de España mediante carretera. Por otro lado, las estaciones de tren son poco accesibles al estar lejos de las mayores masas de población y es necesario realizar trasbordos para viajar a ciudades distantes. El caso más preocupante es el de Valdemanco del Esteras, que, debido a su escasa población, se encuentra conectado únicamente por carretera, no teniendo acceso ni a trenes ni a autobuses.

4
ESTRUCTURA DEMOGRÁFICA

La estructura demográfica con la que cuenta una región, una comarca o un municipio constituye uno de los primeros elementos en los que se centran los estudiosos e investigadores de las ciencias sociales, en general, y de la economía, en particular. Es el punto de partida en función del cual se estructuran y diseñan las políticas públicas y de desarrollo regional, ya que una población joven y una envejecida necesitarán prestaciones diferentes en materias tan fundamentales como sanidad y educación. El análisis de las tendencias poblacionales también puede poner de relieve riesgos existenciales, tanto debido a un exceso de población que agote los recursos y empeore la calidad de vida, como una perdida constante de población que pueda acabar por dejar desierta una zona. Una buena parte de la teoría económica relaciona positivamente el aumento de la población con el crecimiento económico, como es el caso de la TNC y la TPD, mientras que la TDI aborda esta cuestión desde una óptica diferente, relacionando el aumento o descenso de la población con la suficiencia o insuficiencia de las infraestructuras presentes en el territorio.

En este apartado analizaremos municipio por municipio las características de su población. Realizaremos el análisis desde dos perspectivas; por una parte, un análisis de la composición demográfica actual de los municipios, mediante el estudio de su pirámide poblacional. Aunque el INE cuenta con datos de cuántos habitantes tenían los municipios en 2023, para contar con esta información desglosada por edad y género debemos retroceder hasta 2022, año en el que se centrará el estudio de las pirámides poblacionales. Además, se realizará un estudio de la evolución histórica de la población de estos municipios desde 1900, para poder observar tendencias en el más largo plazo. Sin embargo, no será posible analizar otros datos como los nacimientos, defunciones o matrimonios, ya que el INE tan solo recopila estos datos para los mayores municipios de la provincia.

Los datos de las poblaciones estudiadas se encuentran en las tablas de la 14 a la 35, cuyos datos se expresan en los gráficos del 5 al 22. A partir de estos datos se calcularán una serie de índices, cuyas fórmulas e interpretación aclararé antes de entrar a estudiar cada uno de los municipios, con ánimo de no ser reiterativo en el resto del apartado:

$$\text{Índice de envejecimiento (IE)} = \left(\frac{\text{Población de 65 años o más}}{\text{Población menor de 15 años}} \right) 100$$

El IE calcula el grado de envejecimiento de una sociedad comparando el número de personas mayores con el número de personas jóvenes. El índice nos dice cuántas personas mayores de 64 años hay por cada 100 personas menores de 15 años (INE, 2024). Su interpretación es la siguiente:

IE>100. Hay más personas mayores de 65 años que menores de 15.

IE=100. Hay el mismo número de personas mayores de 65 años que menores de 15.

IE<100. Hay menos personas mayores de 65 años que menores de 15.

$$\text{Índice de dependencia juvenil (IDJ)}=\left(\frac{\text{Población menor de 15 años}}{\text{Población de 15 a 64 años}}\right)100$$

El IDJ mide la relación entre la población joven y la población en edad de trabajar, y suele ser indicativo de la carga que suponen los jóvenes para las personas en edad de trabajar (INE, 2024). El índice nos dice cuántas personas menores de 15 años hay por cada 100 personas en edad de trabajar. Su interpretación es la siguiente:

IDJ≥60. Dentro de la población hay una gran proporción de jóvenes.

30<IDJ<60. La cantidad de jóvenes en la población se encuentra equilibrada respecto al resto de grupos de población.

IDJ≤30. Dentro de la población hay poca presencia de jóvenes.

$$\text{Índice de dependencia de la vejez (IDV)}=\left(\frac{\text{Población de 65 años o más}}{\text{Población de 15 a 64 años}}\right)100$$

El IDV mide la relación entre la población anciana y la población en edad de trabajar, y suele ser indicativo de la carga que suponen los ancianos para las personas en edad de trabajar. El índice nos indica cuántas personas ancianas hay por cada 100 personas en edad de trabajar (INE, 2024). Su interpretación es la siguiente:

IDV≥40. Hay una gran proporción de personas ancianas dentro de la población.

20<IDV<40. La población envejecida se encuentra equilibrada respecto al resto de los grupos de población.

IDV≤20. Hay relativamente pocas personas envejecidas en la población.

$$\text{Índice de dependencia total (IDT)}=\left(\frac{\text{Población menor de 15 años+de 65 años o más}}{\text{Población de 15 a 64 años}}\right)100$$

Complementariamente al IDV y al IDJ también se calculará el IDT, para obtener una visión global del grado de dependencia de estas sociedades. El IDT mide la relación entre la población dependiente y la población en edad de trabajar (INE, 2024). El índice mide al número de personas dependientes por cada 100 personas en edad de trabajar. Su interpretación es la siguiente:

IDT≥80. Una gran proporción de la población es dependiente.

80<IDT<50. Hay una cantidad equilibrada de la población que es dependiente respecto a las personas trabajadoras.

IDT≤50. Una parte pequeña de la población es dependiente.

$$\text{Tasa de crecimiento poblacional (TCP)}= \left(\frac{\text{Población en X-Población en X-1}}{\text{Población en X-1}} \right) 100$$

Dado que en este apartado se analizará el crecimiento de la población a lo largo de un amplio periodo temporal, será necesario tratar la tasa de crecimiento poblacional (TCP). La TCP nos indica respecto a un periodo anterior la variación porcentual de la población. Su interpretación es la siguiente:

TCP>0. La población crece.

TCP=0. La población se mantiene sin cambios.

TCP<0. La población decrece.

Una última aclaración que debemos hacer antes de entrar a estudiar los municipios uno a uno es las franjas de edad en las cuales se divide la población:

0-14 años, población joven.

15-64 años, población en edad de trabajar.

65 o más, tercera edad o población anciana.

4.1. AGUDO

La pirámide de población de Agudo tiene forma regresiva y tiende hacia la inversión, con una base estrecha y una cúspide que ira ensanchándose progresivamente. La base de la pirámide supone el 12%, la parte intermedia el 57% y la cúspide el 31%. Además, entre los 50-64 años encontramos al 22% de la población, lo que nos invita a pensar que en los próximos años el envejecimiento se recrudecerá en este municipio. En la distribución por sexos no encontramos una diferencia significativa entre ambos géneros, tan solo una mayor presencia de mujeres en los intervalos de edad más avanzados. Los valores de los indicadores para esta población son los siguientes:

$$IE= \left(\frac{501}{186} \right) 100 = 269,35 \qquad IDJ= \left(\frac{186}{928} \right) 100 = 20,04$$

$$IDV= \left(\frac{501}{928} \right) 100 = 53,98 \qquad IDT= \left(\frac{186+501}{928} \right) 100 = 74,03$$

Gráfico 5
PIRÁMIDE DE POBLACIÓN DE AGUDO (2022)

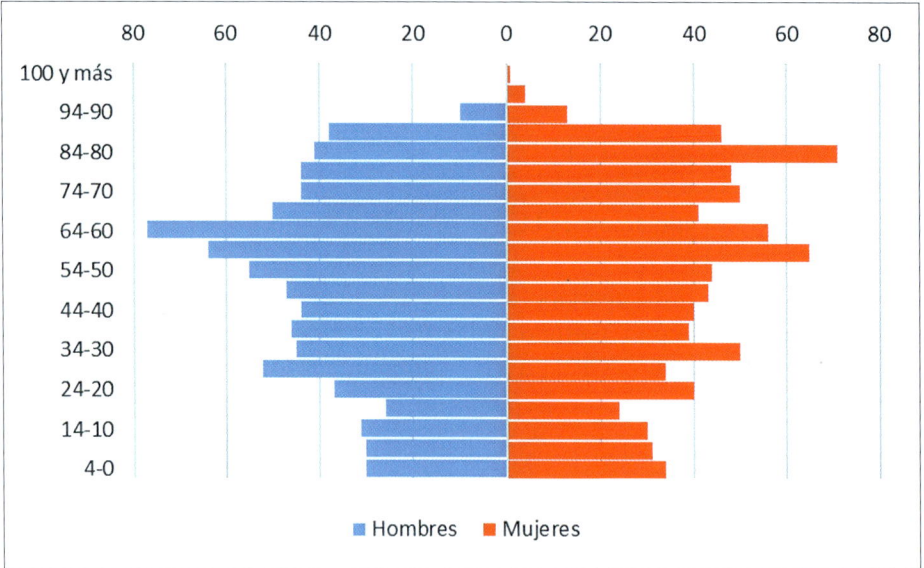

Fuente: INE (elaboración propia).

Gráfico 6
EVOLUCIÓN DE LA POBLACIÓN DE AGUDO (1900-2022)

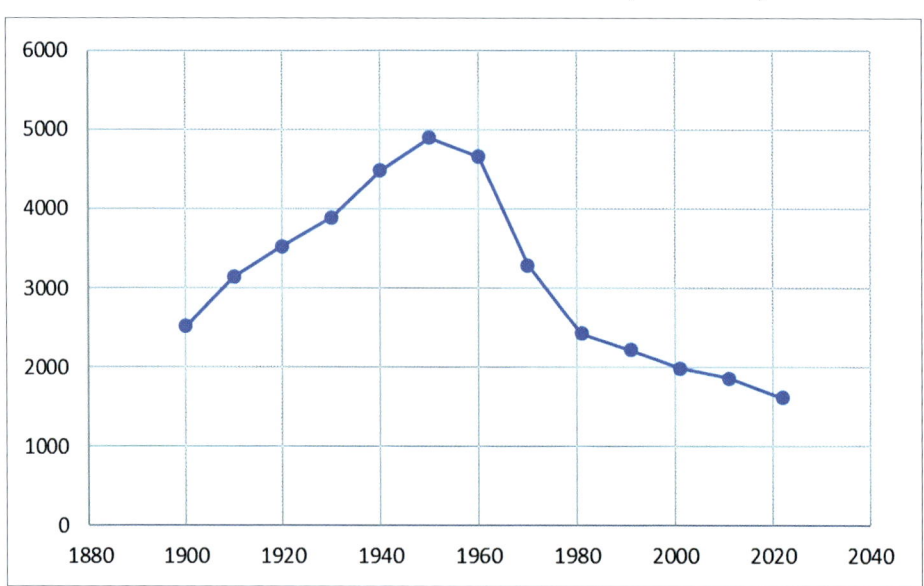

Fuente: INE (elaboración propia).

Tabla 14
COMPOSICIÓN DE LA POBLACIÓN DE AGUDO (2022)

EDAD	HOMBRES	MUJERES	TOTAL	PORCENTAJE
100 y más	0	1	1	0,06%
99-95	0	4	4	0,25%
94-90	10	13	23	1,42%
89-85	38	46	84	5,20%
84-80	41	71	112	6,93%
79-75	44	48	92	5,70%
74-70	44	50	94	5,82%
69-65	50	41	91	5,63%
64-60	77	56	133	8,24%
59-55	64	65	129	7,99%
54-50	55	44	99	6,13%
49-45	47	43	90	5,57%
44-40	44	40	84	5,20%
39-35	46	39	85	5,26%
34-30	45	50	95	5,88%
29-25	52	34	86	5,33%
24-20	37	40	77	4,77%
19-15	26	24	50	3,10%
14-10	31	30	61	3,78%
9-5	30	31	61	3,78%
4-0	30	34	64	3,96%
TOTAL	811	804	1.615	100%
PORCENTAJE	50,22%	49,78%	100%	

Fuente: INE (elaboración propia).

El valor que más salta a la vista es el IE del 269, lo que quiere decir que la población por encima de los 64 años es muy superior a la que está por debajo de los 15. El IE nos hace pensar que a corto plazo la población de Agudo perderá una cantidad importante de población debido a la gran presencia de ancianos, y por la falta de personas jóvenes que tomen el relevo. El IDJ viene a cerciorar esta información, ya que tan solo hay 20 jóvenes por cada 100 personas en edad de trabajar, lo que significa que de no recibir trabajadores de fuera del municipio la masa laboral se verá radicalmente reducida. El IDV es de 53, un valor muy alto que obligará a los municipios a realizar importantes inversiones en salud para salvaguardar a su población. Por último, el IDT se equilibra en un 74, ya que el gran número de personas de la tercera edad es compensado por el escaso número de personas jóvenes.

Respecto a la evolución histórica de la población de Agudo podemos diferenciar dos etapas:

1900-1950. Durante este periodo la población crecerá, pudiendo diferenciarse dos subetapas:

1900-1910. Crecimiento intenso con un valor del 24% para la década.

1911-1950. Crecimiento estable con un aumento de la población para cada una de las décadas de entre el 9 y el 15%.

1951-2022. En estos años Agudo experimentará una continua pérdida de población, aunque con diferentes intensidades según la subetapa:

1951-1960. Inicio de la pérdida de población con un valor moderado del 4% para la década.

1961-1981. Durante estos 20 años Agudo perderá buena parte de su población, con una pérdida del 47% para todo el periodo.

1982-2022. Se dará una pérdida continuada y estable de población de entre el 8 y el 13% para cada década.

Tabla 15

EVOLUCIÓN DE LA POBLACIÓN DE AGUDO (1900-2022)

Año	Población	Crecimiento
1900	2.519	
1910	3.146	24,89%
1920	3.528	12,14%
1930	3.894	10,37%
1940	4.484	15,15%
1950	4.894	9,14%
1960	4.662	-4,74%
1970	3.287	-29,49%
1981	2.427	-26,16%
1991	2.219	-8,57%
2001	1.987	-10,46%
2011	1.863	-6,24%
2022	1.615	-13,31%

Fuente: INE (elaboración propia).

4.2. ALAMILLO

La pirámide poblacional de Alamillo cuenta con una forma invertida, siendo su parte superior la más ancha de la pirámide. Además, es de esperar que esta tendencia se acentué a medio plazo, ya que las personas entre 60 y 64 años suponen el 10% de la población. En esta pirámide la población joven supone el 5% del total, la población adulta el 55% y la población envejecida el 40%. Resulta destacable el ensanchamiento de la pirámide en la

Gráfico 7
PIRÁMIDE DE POBLACIÓN DE ALAMILLO (2022)

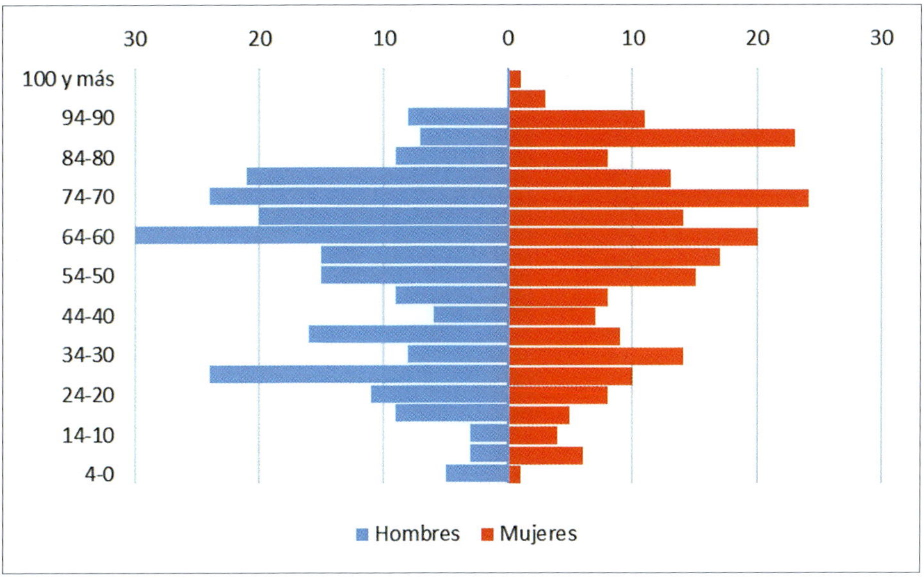

Fuente: INE (elaboración propia).

franja de edad de los 25 a los 29 años, constituyendo el 7% del total, lo que podría aliviar temporalmente el envejecimiento de la población. Las mujeres cuentan con una mayor presencia en los intervalos correspondientes a edades más avanzadas, mientras que, al haber más nacimientos de varones que de hembras, ambos géneros se encuentran igualados en términos absolutos. Los valores de los indicadores para esta población son los siguientes:

$$IE=\left(\frac{186}{22}\right)100=845,45 \qquad IDJ=\left(\frac{22}{256}\right)100=8,59$$

$$IDV=\left(\frac{186}{256}\right)100=72,65 \qquad IDT=\left(\frac{22+186}{256}\right)100=81,25$$

El dato que más salta a la vista de Alamillo es su preocupante IE, con un valor de 845, ya que la población envejecida es muy superior a la población joven, lo que supone un riesgo existencial para Alamillo a largo plazo. El IDJ, con un valor de 8 nos indica que hay muy pocos jóvenes en esta población, lo que puede acarrear que en el futuro la población carezca de la suficiente mano de obra, aunque a corto plazo supondrá unos menores gastos en partidas como la educación. El IDV, con un valor de 72, nos indica la gran presencia de ancianos en comparación a la población trabajadora, lo que derivará en importantes gastos en partidas como la sanidad o la accesibilidad. Por último, el IDT se sitúa en 81, la escasa presencia de jóvenes es contrastada por la gran presencia de personas

Tabla 16
COMPOSICIÓN DE LA POBLACIÓN DE ALAMILLO (2022)

EDAD	HOMBRES	MUJERES	TOTAL	PORCENTAJE
100 y más	0	1	1	0,22%
99-95	0	3	3	0,65%
94-90	8	11	19	4,09%
89-85	7	23	30	6,47%
84-80	9	8	17	3,66%
79-75	21	13	34	7,33%
74-70	24	24	48	10,34%
69-65	20	14	34	7,33%
64-60	30	20	50	10,78%
59-55	15	17	32	6,90%
54-50	15	15	30	6,47%
49-45	9	8	17	3,66%
44-40	6	7	13	2,80%
39-35	16	9	25	5,39%
34-30	8	14	22	4,74%
29-25	24	10	34	7,33%
24-20	11	8	19	4,09%
19-15	9	5	14	3,02%
14-10	3	4	7	1,51%
9-5	3	6	9	1,94%
4-0	5	1	6	1,29%
TOTAL	243	221	464	100%
PORCENTAJE	52,37%	47,63%	100%	

Fuente: INE (elaboración propia).

de la tercera edad, dando como resultado un alto grado de dependencia en este municipio y una importante carga para las personas en edad de trabajar.

Respecto a la evolución histórica de la población de Alamillo podemos diferenciar algunas tendencias:

1900-1950. Durante la primera mitad del siglo XX el municipio crecerá demográficamente, pudiendo diferenciarse dos subetapas:

1900-1920. Crecimiento estable en torno a al 10%.

1921-1950. Este crecimiento aumentará entre el 15 y el 20% para las décadas de los 20, 30 y 40.

1951-2022. Será un proceso de continua pérdida de población a diferente escala. Podemos diferenciar tres subetapas:

1951-1960. Inicio de la pérdida de población con un valor del 10%.

1961-1981. Perdida acelerada de población de entre el 37 y el 42% cada década, como consecuencia de la industrialización de las grandes ciudades.

1982-2022. Estabilización de la pérdida de población en torno a entre un 10 y un 20% cada década.

Gráfico 8
EVOLUCIÓN DE LA POBLACIÓN DE ALAMILO (1900-2022)

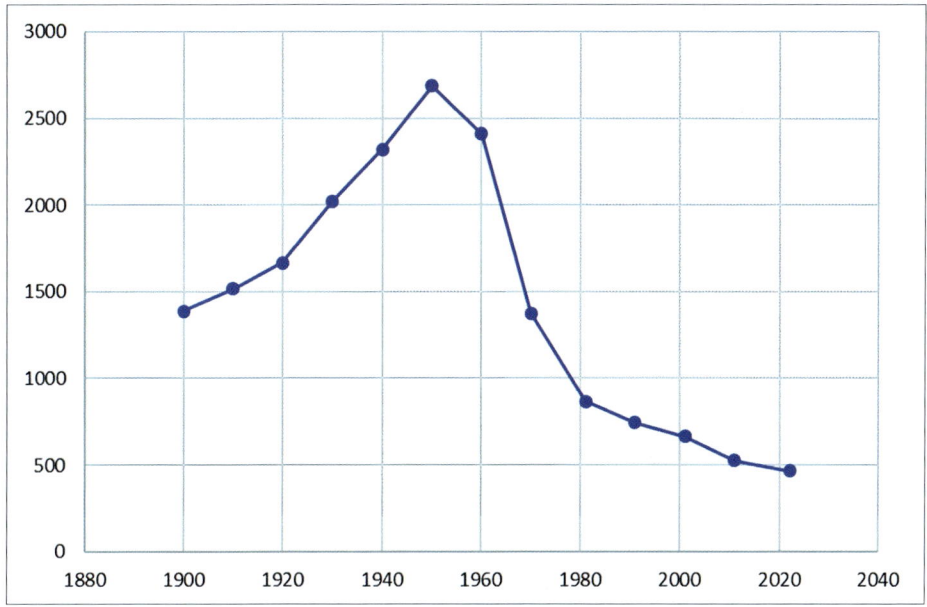

Fuente: INE (elaboración propia).

Tabla 17
EVOLUCIÓN DE LA POBLACIÓN DE ALAMILLO (1900-2022)

Año	Población	Crecimiento
1900	1.387	
1910	1.517	9,37%
1920	1.666	9,82%
1930	2.023	21,43%
1940	2.321	14,73%
1950	2.688	15,81%
1960	2.408	-10,42%
1970	1.374	-42,94%
1981	865	-37,05%
1991	742	-14,22%
2001	663	-10,65%
2011	524	-20,97%
2022	464	-11,45%

Fuente: INE (elaboración propia).

4.3. ALMADÉN

La pirámide poblacional de Almadén no muestra un grado de envejecimiento tan avanzado como otros municipios, si bien su forma es regresiva, no llega a tener forma de pirámide invertida. La razón por la que la pirámide poblacional de Almadén tiene esta forma se puede deber a su carácter más urbano y a la capacidad del municipio para atraer a la población joven de los pueblos cercanos. La población de más de 65 años supone el 27% de la población, la población trabajadora el 63% y la de menos de 15 años el 10%. Sin embargo, una cantidad importante de los habitantes de Almadén se jubilarán en los próximos años, encontrándose el 17% de la población entre los 55

Gráfico 9
PIRÁMIDE DE POBLACIÓN DE ALMADÉN (2022)

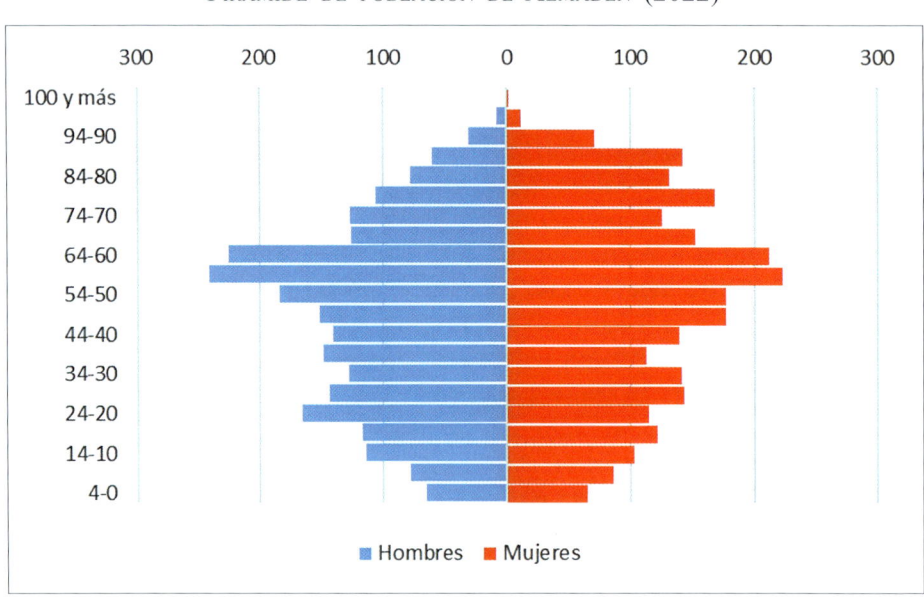

Fuente: INE (elaboración propia).

y los 64 años, lo que podría generar que en el medio plazo la pirámide pase de regresiva a invertida, si no se atrae población o se consigue aumentar la natalidad. En los intervalos superiores de la pirámide encontramos más mujeres que hombres, ya que cuentan con una mayor esperanza de vida, pero esto es compensado por la mayor presencia de hombre en niveles entre los 15-64 años. Los valores de los indicadores para esta población son los siguientes:

$$IE=\left(\frac{1.344}{513}\right)100=261,98 \qquad IDJ=\left(\frac{513}{3.212}\right)100=15,97$$

$$IDV=\left(\frac{1.344}{3.212}\right)100=41,84 \qquad IDT=\left(\frac{513+1.344}{3.128}\right)100=57,81$$

Tabla 18
COMPOSICIÓN DE LA POBLACIÓN DE ALMADÉN (2022)

EDAD	HOMBRES	MUJERES	TOTAL	PORCENTAJE
100 y más	0	2	2	0,04%
99-95	8	12	20	0,39%
94-90	31	71	102	2,01%
89-85	61	143	204	4,02%
84-80	79	132	211	4,16%
79-75	106	168	274	5,41%
74-70	127	126	253	4,99%
69-65	126	152	278	5,48%
64-60	225	212	437	8,62%
59-55	241	223	464	9,15%
54-50	184	177	361	7,12%
49-45	152	177	329	6,49%
44-40	141	140	281	5,54%
39-35	149	113	262	5,17%
34-30	128	142	270	5,33%
29-25	144	144	288	5,68%
24-20	166	115	281	5,54%
19-15	117	122	239	4,71%
14-10	114	103	217	4,28%
9-5	79	86	165	3,26%
4-0	66	65	131	2,58%
TOTAL	2.444	2.625	5.069	100%
PORCENTAJE	48,21%	51,79%	100%	

Fuente: INE (elaboración propia).

El IE es elevado, con un valor de 261, lo que quiere decir que hay muchos más ancianos en comparación a las personas jóvenes, lo que podría suponer un riesgo existencial a largo plazo para la población. El IDJ cuenta con un valor de 15, lo que es muy reducido, teniendo pocos jóvenes esta población en comparación a las personas en edad de trabajar, lo que podría dar lugar a un problema de relevo generacional a medio/largo plazo. El IDV es del 41 lo que es un valor alto, pero destaca por ser reducido en comparación a los municipios del entorno, aunque por sí mismo supone una mayor inversión en partidas como la sanidad o la dependencia. Por último, el IDT se sitúa en 57, dato que podría considerarse equilibrado y que supone unas cargas aceptables para las personas en edad de trabajar, sin embargo, en el largo plazo es de esperar que la dependencia total aumente.

Respecto a la evolución histórica de la población de Almadén, podemos diferenciar algunas tendencias:

Gráfico 10
EVOLUCIÓN DE LA POBLACIÓN DE ALMADÉN (1900-2022)

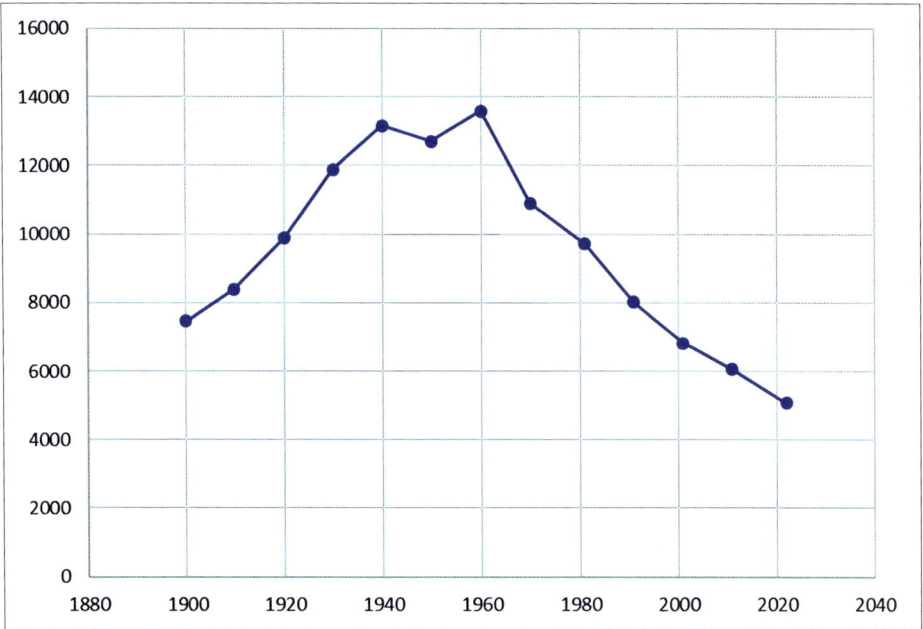

Fuente: INE (elaboración propia).

Tabla 19
EVOLUCIÓN DE LA POBLACIÓN DE ALMADÉN (1900-2022)

Año	Población	Crecimiento
1900	7.459	
1910	8.388	12,45%
1920	9.879	17,78%
1930	11.888	20,34%
1940	13.168	10,77%
1950	12.707	-3,50%
1960	13.587	6,93%
1970	10.910	-19,70%
1981	9.722	-10,89%
1991	8.012	-17,59%
2001	6.830	-14,75%
2011	6.064	-11,22%
2022	5.069	-16,41%

Fuente: INE (elaboración propia).

1900-1930. Se da un proceso de crecimiento demográfico con un aumento continuado de las tasas de crecimiento década a década.

1931-1960. El crecimiento demográfico se desacelera y se vuelve inestable, ya que está comenzando la disminución de la importancia del mercurio en los mercados internacionales.

1961-2022. Proceso de pérdida de población continuada y relativamente estable con valores que oscilan entre el 10 y el 19%.

4.4. ALMADENEJOS

Almadenejos cuenta con una pirámide poblacional regresiva, que tiende hacia la inversión, pero que aún no ha llegado al punto de que su parte superior sea mayor que su parte intermedia. Respecto a la distribución de la población, el 8% son menores de 15 años, el 59% se encuentra en edad de trabajar y el 33% son personas ancianas. Podemos hablar de que hay una predominancia de las mujeres frente a los hombres en las franjas de edad más elevadas, como en la franja 90-94 y de los hombres en franjas de edad de las personas en edad de trabajar, como es el caso de la franja 55-59. Esta peculiaridad puede ser explicada por los trabajos de la mina, que eran muy lesivos para la salud de los hombres que allí trabajaban. La población

Gráfico 11

PIRÁMIDE DE POBLACIÓN DE ALMADENEJOS (2022)

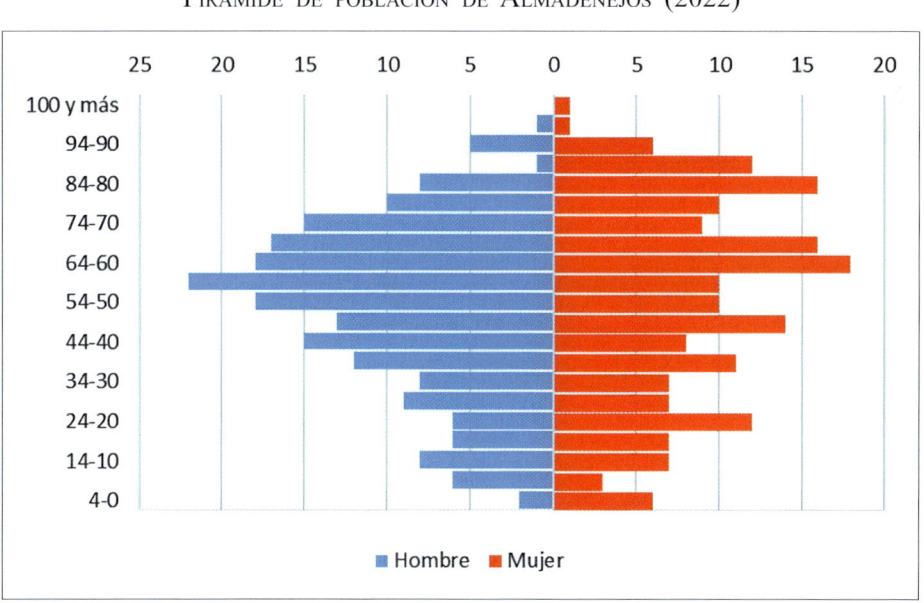

Fuente: INE (elaboración propia).

Tabla 20

COMPOSICIÓN DE LA POBLACIÓN DE ALMADENEJOS (2022)

EDAD	HOMBRES	MUJERES	TOTAL	PORCENTAJE
100 y más	0	1	1	0,26%
99-95	1	1	2	0,51%
94-90	5	6	11	2,81%
89-85	1	12	13	3,32%
84-80	8	16	24	6,14%
79-75	10	10	20	5,12%
74-70	15	9	24	6,14%
69-65	17	16	33	8,44%
64-60	18	18	36	9,21%
59-55	22	10	32	8,18%
54-50	18	10	28	7,16%
49-45	13	14	27	6,91%
44-40	15	8	23	5,88%
39-35	12	11	23	5,88%
34-30	8	7	15	3,84%
29-25	9	7	16	4,09%
24-20	6	12	18	4,60%
19-15	6	7	13	3,32%
14-10	8	7	15	3,84%
9-5	6	3	9	2,30%
4-0	2	6	8	2,05%
TOTAL	200	191	391	100%
PORCENTAJE	51,15%	48,85%	100%	

Fuente: INE (elaboración propia).

de la franja 55-64, que se encuentra próxima a jubilarse, supone el 17% de la población y en una década puede dar lugar a que la pirámide se invierta. Los valores de los indicadores para esta población son los siguientes:

$$IE=\left(\frac{128}{32}\right)100=400 \qquad IDJ=\left(\frac{32}{231}\right)100=13,85$$

$$IDV=\left(\frac{128}{231}\right)100=55,41 \qquad IDT=\left(\frac{32+128}{231}\right)100=69,26$$

El IE cuenta con un valor de 400, lo que supone una cifra muy elevada que pone de contraste la gran presencia de ancianos frente a jóvenes y puede dar lugar a riesgos estructurales a largo plazo. El IDJ cuenta con un valor de 13, bastante reducido, que nos indica que hay poca presencia de jóvenes en el municipio, y que, si bien esto puede ocasionar que se pueda reducir el gasto en partidas como la educación, también supone que la cantidad de trabajadores

Tabla 21

EVOLUCIÓN DE LA POBLACIÓN DE ALMADENEJOS (1900-2022)

AÑO	POBLACIÓN	CRECIMIENTO
1900	917	
1910	928	1,20%
1920	955	2,91%
1930	1.476	54,55%
1940	1.774	20,19%
1950	1.564	-11,84%
1960	1.804	15,35%
1970	1.130	-37,36%
1981	806	-28,67%
1991	683	-15,26%
2001	518	-24,16%
2011	508	-1,93%
2022	391	-23,03%

Fuente: INE (elaboración propia).

Gráfico 12

EVOLUCIÓN DE LA POBLACIÓN DE ALMADENEJOS (1900-2022)

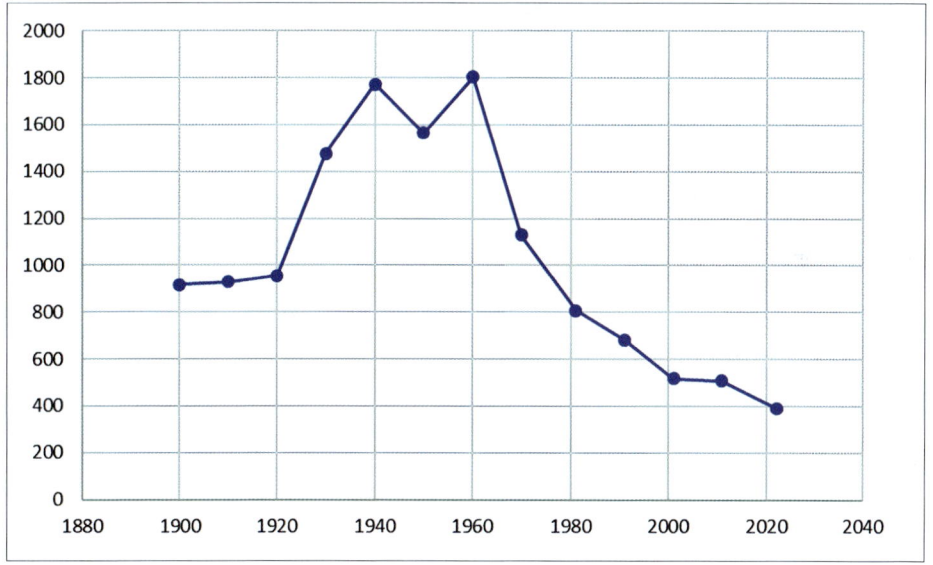

Fuente: INE (elaboración propia).

se reducirá en el medio plazo. El IDV es elevado, con un valor de 55, lo que supone una importante carga para las personas en edad de trabajar de cara a mantener a las personas jubiladas. Por último, el IDT cuenta con un valor de 69, lo que podría considerarse un grado de dependencia aceptable de cara a las personas en edad de trabajar, ya que la escasa presencia de jóvenes es compensada por la gran presencia de personas de la tercera edad.

Respecto a la evolución histórica de la población de Almadenejos, podemos diferenciar algunas tendencias:

1900-1930. Durante este periodo el municipio experimentará un crecimiento progresivamente ascendente. Es destacable el salto que se da en la década de los 20 ya que se crece un 54,55%, frente al 2,91% de la década anterior.

1931-1960. Será un periodo de desaceleración muy inestable, con unas variaciones demográficas tanto positivas como negativas y con importantes contrastes entre sí.

1961-2022. Periodo de descenso continuado de la población ocasionado por la menor actividad en las minas de Almadén y la puesta en funcionamiento de plantas industriales en las grandes ciudades.

4.5. CHILLÓN

La pirámide poblacional de Chillón cuenta con una estructura regresiva, que tiende a convertirse en una pirámide invertida en el futuro. La distribución de la población de la pirámide se divide en un 10% de población joven, un 59% de personas en edad de trabajar y un 31% de personas de la tercera edad.

Gráfico 13
PIRÁMIDE DE POBLACIÓN DE CHILLÓN (2022)

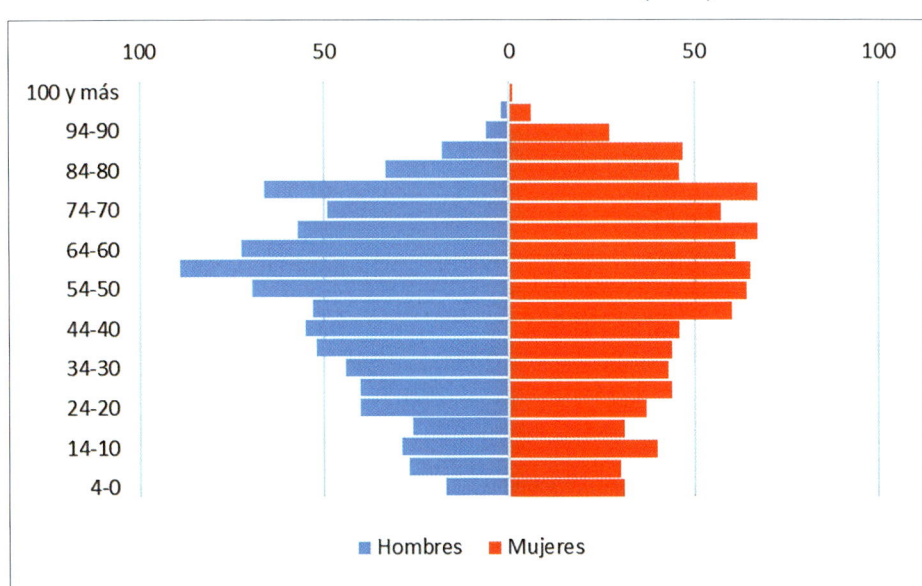

Fuente: INE (elaboración propia).

Tabla 22

COMPOSICIÓN DE LA POBLACIÓN DE CHILLÓN (2022)

EDAD	HOMBRES	MUJERES	TOTAL	PORCENTAJE
100 y más	0	1	1	0,06%
99-95	2	6	8	0,46%
94-90	6	27	33	1,88%
89-85	18	47	65	3,70%
84-80	33	46	79	4,49%
79-75	66	67	133	7,57%
74-70	49	57	106	6,03%
69-65	57	67	124	7,05%
64-60	72	61	133	7,57%
59-55	89	65	154	8,76%
54-50	69	64	133	7,57%
49-45	53	60	113	6,43%
44-40	55	46	101	5,75%
39-35	52	44	96	5,46%
34-30	44	43	87	4,95%
29-25	40	44	84	4,78%
24-20	40	37	77	4,38%
19-15	26	31	57	3,24%
14-10	29	40	69	3,92%
9-5	27	30	57	3,24%
4-0	17	31	48	2,73%
TOTAL	844	914	1.758	100%
PORCENTAJE	48,01%	51,99%	100%	

Fuente: INE (elaboración propia).

El 16% de la población se encuentra entre los 55 a 64 años, por lo que pronto pasarán a engrosar el grupo de personas de la tercera edad, dando lugar a una pirámide poblacional invertida si no se atrae población foránea o se incrementa la natalidad. Las mujeres cuentan con una mayor presencia en los grupos de menos edad y en los de edad más avanzada, mientras que los hombres se encuentran más presentes en el intervalo en edad de trabajar. Los valores de los indicadores para esta población son los siguientes:

$$IE=\left(\frac{549}{174}\right)100=315,51 \qquad IDJ=\left(\frac{174}{1.035}\right)100=16,81$$

$$IDV=\left(\frac{549}{1.035}\right)100=53,04 \qquad IDT=\left(\frac{174+549}{1.035}\right)100=69,85$$

El IE cuenta con un valor de 315, muy elevado, y que nos alerta de la escasa presencia de personas jóvenes en contraposición a la gran abundancia

de ancianos, lo que podría tener consecuencias en el mercado laboral y en la
dotación de servicios de cara al futuro. El IDJ cuenta con un valor de 16, lo
que nos indica que hay pocos jóvenes en este municipio y que a medio plazo
podría escasear la mano de obra. La IDV es de 53 tratándose de una cifra
elevada, por lo que el municipio tendrá que realizar importantes inversiones
en santidad y accesibilidad debido a la elevada presencia de ancianos. Por
último, el IDT tiene un valor de 69 el cual puede ser interpretado como que
las personas dependientes (jóvenes y ancianos) suponen una carga aceptable
para las personas en edad de trabajar, la escasa presencia de jóvenes es
compensada por la mayor presencia de ancianos.

Tabla 23

EVOLUCIÓN DE LA POBLACIÓN DE CHILLÓN (1900-2022)

AÑO	POBLACIÓN	CRECIMIENTO
1900	3.418	
1910	4.296	25,69%
1920	4.504	4,84%
1930	4.333	-3,80%
1940	4.934	13,87%
1950	5.091	3,18%
1960	4.533	-10,96%
1970	3.334	-26,45%
1981	2.822	-15,36%
1991	2.587	-8,33%
2001	2.275	-12,06%
2011	2.045	-10,11%
2022	1.758	-14,03%

Fuente: INE (elaboración propia).

Respecto a la evolución histórica de la población de Chillón, podemos
diferenciar algunas tendencias:

1900-1920. Durante la primera década del siglo XX Chillón experimentará
un importante crecimiento poblacional del 25,69%. Durante la década de
los 10 el crecimiento se redujo al 4,84%.

1921-1960. Durante estos años se producirá una desaceleración del crecimiento,
no volviendo a los niveles anteriores, a la par que el crecimiento demográfico va a ser mucho más inestable. Esta inestabilidad se puede relacionar
con las necesidades laborales de la mina. Además esta etapa se inicia una
década antes en Chillón que en Almadén debido a que en 1927 Guadalmez
se independiza de Chillón y se constituye como un nuevo municipio.

1961-2022. Como consecuencia de la reducción progresiva de la actividad
minera y la llegada de empresas industriales a las grandes ciudades comienza

un periodo de pérdida de población que continuará hasta nuestros días. El mayor descenso poblacional tendrá lugar en la década de los 60, a partir de este punto la pérdida de población se estabilizará, aunque a valores altos.

Gráfico 14
EVOLUCIÓN DE LA POBLACIÓN DE CHILLÓN (1900-2022)

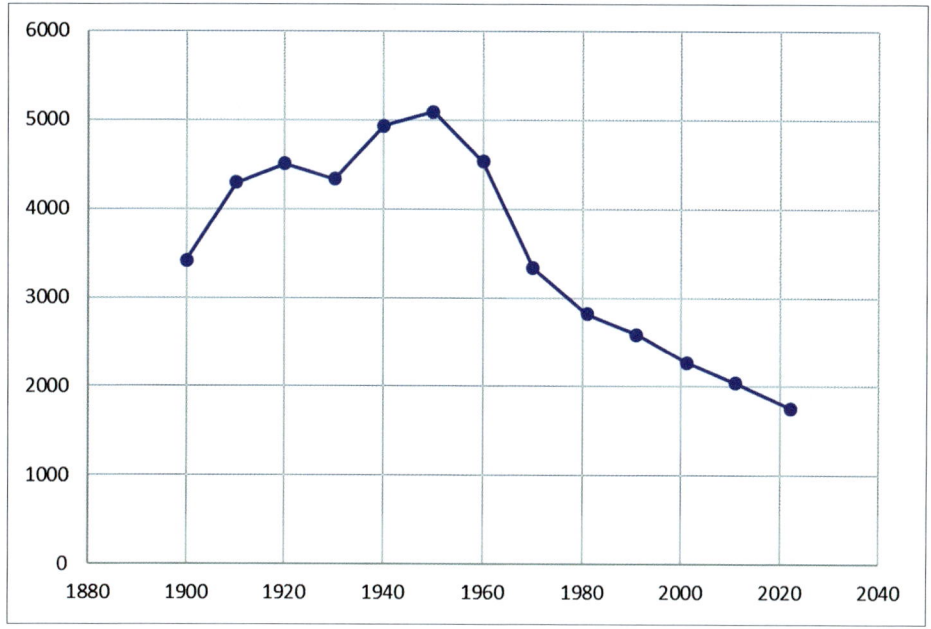

Fuente: INE (elaboración propia).

4.6. GUADALMEZ

Guadalmez cuenta con una pirámide poblacional regresiva, con tendencia a convertirse en una pirámide invertida a largo plazo. La pirámide de población se divide con un 6% de población joven, un 59% de población en edad de trabajar y un 35% de personas pertenecientes a la tercera edad. La pirámide tiene un punto de ensanchamiento en el intervalo 50-59 años, en concreto esta franja de edad supone un 19% de la población total del municipio, por lo que en un par de décadas la pirámide tenderá a invertirse. Puede que Guadalmez tarde unos pocos años más en sufrir el proceso de inversión demográfica, ya que su población se concentra en unos niveles algo inferiores, pero el proceso de inversión se dará igualmente. Las mujeres cuentan con una mayor presencia en los inérvalos de edad más avanzada; sin embargo, en términos generales ambos sexos se encuentran compensados ya que nacen más varones, aunque en líneas generales estos tienen menor esperanza de vida al nacer. Los valores de los indicadores para esta población son los siguientes:

$$IE=\left(\frac{251}{46}\right)100=545,65 \qquad IDJ=\left(\frac{46}{421}\right)100=10,92$$

$$IDV=\left(\frac{251}{421}\right)100=59,61 \qquad IDT=\left(\frac{46+251}{421}\right)100=70,54$$

El IE cuenta con un valor de 545 lo que nos indica que hay una gran presencia de personas de la tercera edad en esta población respecto a las personas jóvenes, lo que puede suponer un riesgo existencial para Guadalmez en el medio y largo plazo. El IDJ cuenta con un valor muy bajo, de 10, lo que quiere decir que hay muy pocas personas jóvenes en comparación a las personas en edad de trabajar, lo que puede suponer que a medio plazo haya problemas para encontrar trabajadores en el mercado laboral. El IDV cuenta con un valor de 59, lo que supone una importante carga para las personas en edad de trabajar de cara a mantener a las personas de la tercera edad. Por último, el IDT tiene un valor de 70, lo que supone una carga aceptable para las personas en edad de trabajar de cara a sustentar a las personas en una edad de dependencia (jóvenes y ancianos), la escasa presencia de jóvenes es compensada por la gran presencia de ancianos.

Gráfico 15
PIRÁMIDE DE POBLACIÓN DE GUADALMEZ (2022)

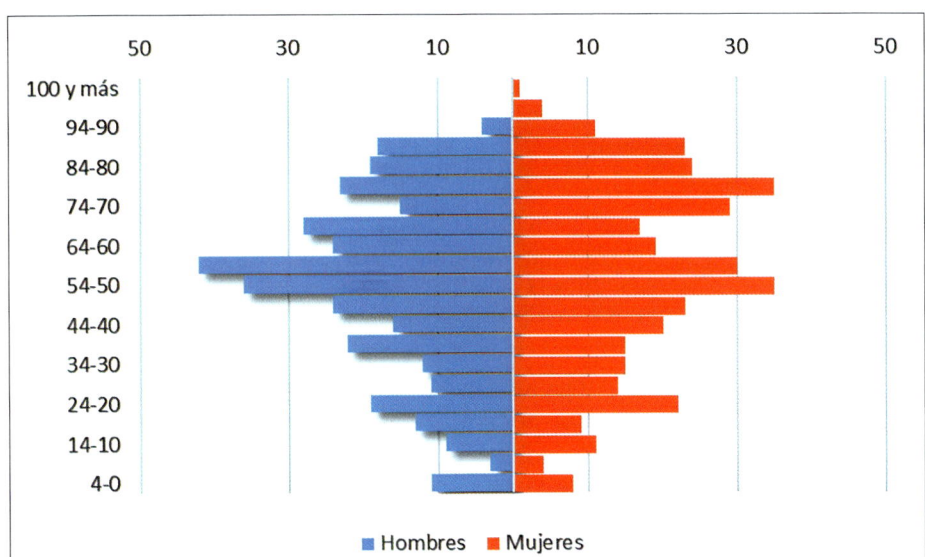

Fuente: INE (elaboración propia).

Respecto a la evolución histórica de la población de Guadalmez, podemos diferenciar algunas tendencias, aunque antes de entrar a considerar las etapas debemos mencionar que Guadalmez empieza a existir en 1927 cuando se independiza de Chillón:

Tabla 24
COMPOSICIÓN DE LA POBLACIÓN DE GUADALMEZ (2022)

EDAD	HOMBRES	MUJERES	TOTAL	PORCENTAJE
100 y más	0	1	1	0,14%
99-95	0	4	4	0,56%
94-90	4	11	15	2,09%
89-85	18	23	41	5,71%
84-80	19	24	43	5,99%
79-75	23	35	58	8,08%
74-70	15	29	44	6,13%
69-65	28	17	45	6,27%
64-60	24	19	43	5,99%
59-55	42	30	72	10,03%
54-50	36	35	71	9,89%
49-45	24	23	47	6,55%
44-40	16	20	36	5,01%
39-35	22	15	37	5,15%
34-30	12	15	27	3,76%
29-25	11	14	25	3,48%
24-20	19	22	41	5,71%
19-15	13	9	22	3,06%
14-10	9	11	20	2,79%
9-5	3	4	7	0,97%
4-0	11	8	19	2,65%
TOTAL	349	369	718	100%
PORCENTAJE	48,61%	51,39%	100,00%	

Fuente: INE (elaboración propia).

1930-1960. Fase de crecimiento de la población, que podemos dividir en dos subetapas:

1930-1950. Crecimiento aceleradamente progresivo de la población, con un incremento de la tasa década a década.

1951-1960. Fase de desaceleración del crecimiento demográfico que baja del 22% de la década anterior al 10% en esta década.

1961-2022. Fase de decrecimiento poblacional, en el que podemos dividir dos subetapas:

1961-1981. En estas dos décadas el municipio perderá el 51% de su población, debido al éxodo rural hacia las grandes ciudades industriales.

1982-2022. El municipio continúa perdiendo población, con una pérdida del 5% para la década de los 80, la cifra de pérdida poblacional va incrementándose progresivamente cada década.

Tabla 25

EVOLUCIÓN DE LA POBLACIÓN DE GUADALMEZ (1900-2022)

Año	Población	Crecimiento
1930	1.580	
1940	1.799	13,86%
1950	2.203	22,46%
1960	2.432	10,39%
1970	1.615	-33,59%
1981	1.187	-26,50%
1991	1.116	-5,98%
2001	1.049	-6,00%
2011	902	-14,01%
2022	718	-20,40%

Fuente: INE (elaboración propia).

Gráfico 16

EVOLUCIÓN DE LA POBLACIÓN DE GUADALMEZ (1900-2022)

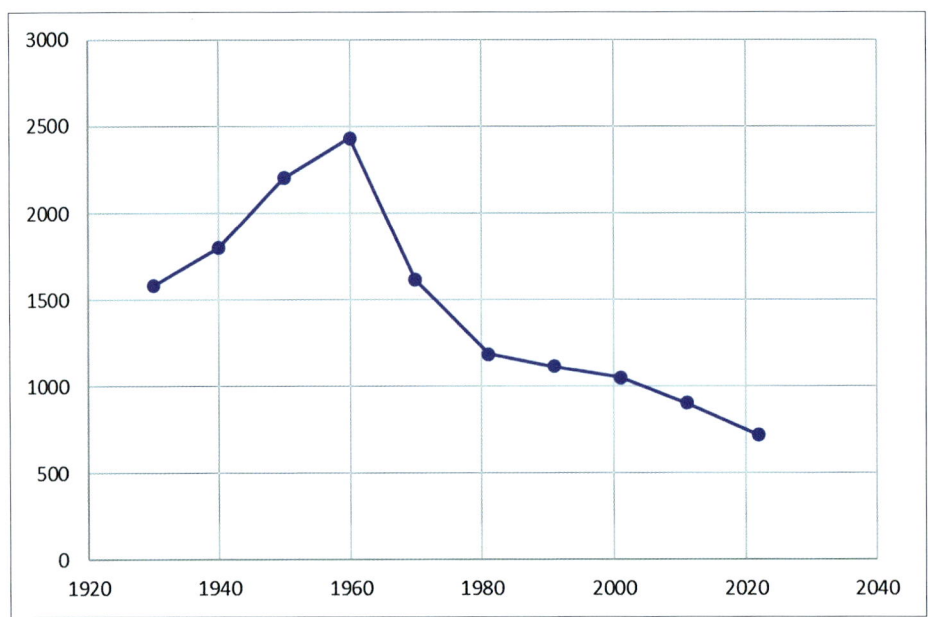

Fuente: INE (elaboración propia).

4.7. SACERUELA

La pirámide poblacional de Saceruela cuanta con una estructura regresiva, con tendencia a convertirse en una pirámide invertida en las próximas décadas. La población de la pirámide se divide de la siguiente forma: un 8% de personas

Gráfico 17
PIRÁMIDE DE POBLACIÓN DE SACERUELA (2022)

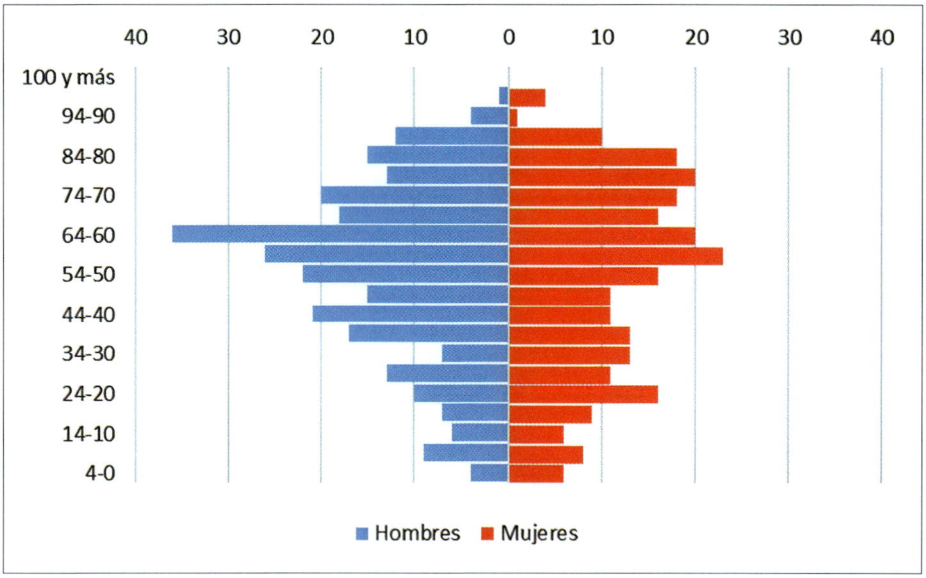

Fuente: INE (elaboración propia).

jóvenes, un 60% de personas en edad de trabajar y un 32% de personas de la tercera edad. En las próximas décadas el porcentaje de personas de la tercera edad aumentará significativamente, ya que un 20% de la población del municipio se encuentra entre los 55 y los 64 años, y en la próxima década pasarán a pertenecer a la tercera edad. La distribución por géneros del municipio resulta bastante homogénea y, aunque hay más presencia de un sexo que de otro en algunos intervalos, estos no llegan a constituir una tendencia. Los valores de los indicadores para esta población son los siguientes:

$$IE=\left(\frac{170}{39}\right)100=435,89 \qquad IDJ=\left(\frac{39}{317}\right)100=12,30$$

$$IDV=\left(\frac{170}{317}\right)100=53,62 \qquad IDT=\left(\frac{39+170}{317}\right)100=65,93$$

El IE adquiere para este municipio un valor de 435 lo que nos viene a indicar que hay muchos más ancianos que gente joven, lo que a largo plazo puede generar problemas estructurales para la viabilidad futura del municipio. El IDJ tiene un valor muy bajo para Saceruela, siendo 12, lo que quiere decir que hay muy pocos jóvenes en este municipio en relación con las personas en edad de trabajar. El IDV toma un valor de 53, lo que supone una importante carga para las personas trabajadoras de cara a mantener a las personas pertenecientes a la tercera edad. Por último, el IDT toma un valor de 65, lo

Tabla 26

COMPOSICIÓN DE LA POBLACIÓN DE SACERUELA (2022)

EDAD	HOMBRES	MUJERES	TOTAL	PORCENTAJE
100 y más	0	0	0	0,00%
99-95	1	4	5	0,95%
94-90	4	1	5	0,95%
89-85	12	10	22	4,18%
84-80	15	18	33	6,27%
79-75	13	20	33	6,27%
74-70	20	18	38	7,22%
69-65	18	16	34	6,46%
64-60	36	20	56	10,65%
59-55	26	23	49	9,32%
54-50	22	16	38	7,22%
49-45	15	11	26	4,94%
44-40	21	11	32	6,08%
39-35	17	13	30	5,70%
34-30	7	13	20	3,80%
29-25	13	11	24	4,56%
24-20	10	16	26	4,94%
19-15	7	9	16	3,04%
14-10	6	6	12	2,28%
9-5	9	8	17	3,23%
4-0	4	6	10	1,90%
TOTAL	276	250	526	100%
PORCENTAJE	52,47%	47,53%	100%	

Fuente: INE (elaboración propia).

que supone que la proporción de población dependiente puede ser mantenida por la población en edad de trabajar.

Respecto a la evolución histórica de Saceruela, podemos diferenciar algunas tendencias:

1900-1960. Fase de crecimiento demográfico en la cual podemos distinguir dos subetapas:

1900-1950. Durante la primera mitad del siglo XX se producirá un crecimiento sostenido en la población, que para cada década tendrá un valor de entre el 16 y el 29%.

1951-1960. El crecimiento se desacelera rápidamente, por el inicio de los procesos de industrialización. Durante esta década la población crecerá un 10%.

1961-2022. Serán años marcados por la continua pérdida de población del municipio y podemos diferenciar dos subetapas:

Tabla 27
EVOLUCIÓN DE LA POBLACIÓN DE SACERUELA (1900-2022)

Año	Población	Crecimiento
1900	516	
1910	635	23,06%
1920	757	19,21%
1930	878	15,98%
1940	1.135	29,27%
1950	1.451	27,84%
1960	1.608	10,82%
1970	1.158	-27,99%
1981	911	-21,33%
1991	823	-9,66%
2001	713	-13,37%
2011	629	-11,78%
2022	526	-16,38%

Fuente: INE (elaboración propia).

Gráfico 18
EVOLUCIÓN DE LA POBLACIÓN DE SACERUELA (1900-2022)

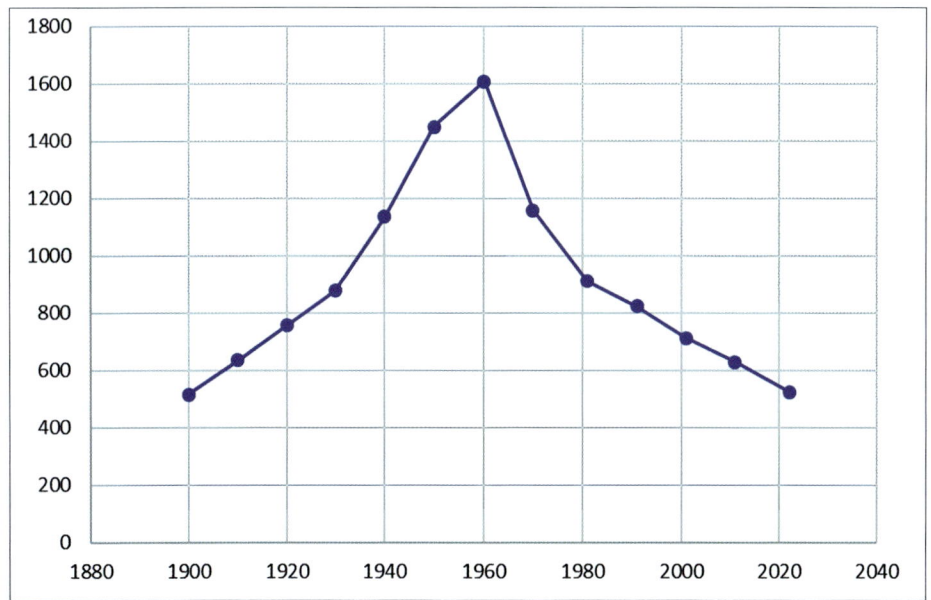

Fuente: INE (elaboración propia).

1961-1981. Durante estas dos décadas Saceruela perderá un 43% de su población, la industrialización de las grandes ciudades da lugar a un importante éxodo rural.

1982-2022. Los valores de pérdida de población se reducen a un 9% en la década de los ochenta, pero con una tendencia ascendente hasta la actualidad.

4.8. VALDEMANCO DEL ESTERAS

Valdemanco del Esteras presenta una pirámide claramente invertida, donde la parte más importante de la misma es la correspondiente a las personas con 65 años o más. Este municipio cuenta con una de las pirámides de población más interesantes, ya que hay franjas de edad, como la de 40 a 44 años, en donde no hay ninguna persona, de ninguno de los dos géneros, lo que nos indica que este municipio se encuentra en un avanzado estado de despoblación. Respecto a la composición de la pirámide, las personas jóvenes representan el 3% del total, las personas en edad de trabajar el 45% y la tercera edad el 52%.

Tabla 28

COMPOSICIÓN DE LA POBLACIÓN DE VALDEMANCO DEL ESTERAS (2022)

EDAD	HOMBRES	MUJERES	TOTAL	PORCENTAJE
100 y más	0	0	0	0,00%
99-95	0	0	0	0,00%
94-90	2	3	5	3,05%
89-85	9	10	19	11,59%
84-80	11	10	21	12,80%
79-75	6	8	14	8,54%
74-70	8	6	14	8,54%
69-65	7	5	12	7,32%
64-60	8	4	12	7,32%
59-55	5	9	14	8,54%
54-50	5	5	10	6,10%
49-45	4	1	5	3,05%
44-40	0	0	0	0,00%
39-35	1	1	2	1,22%
34-30	8	3	11	6,71%
29-25	6	4	10	6,10%
24-20	1	4	5	3,05%
19-15	2	3	5	3,05%
14-10	3	0	3	1,83%
9-5	1	0	1	0,61%
4-0	0	1	1	0,61%
TOTAL PORCENTAJE	87 53,05%	77 46,95%	164 100%	100%

Fuente: INE (elaboración propia).

Gráfico 19
PIRÁMIDE DE POBLACIÓN DE VALDEMANCO DEL ESTERAS (2022)

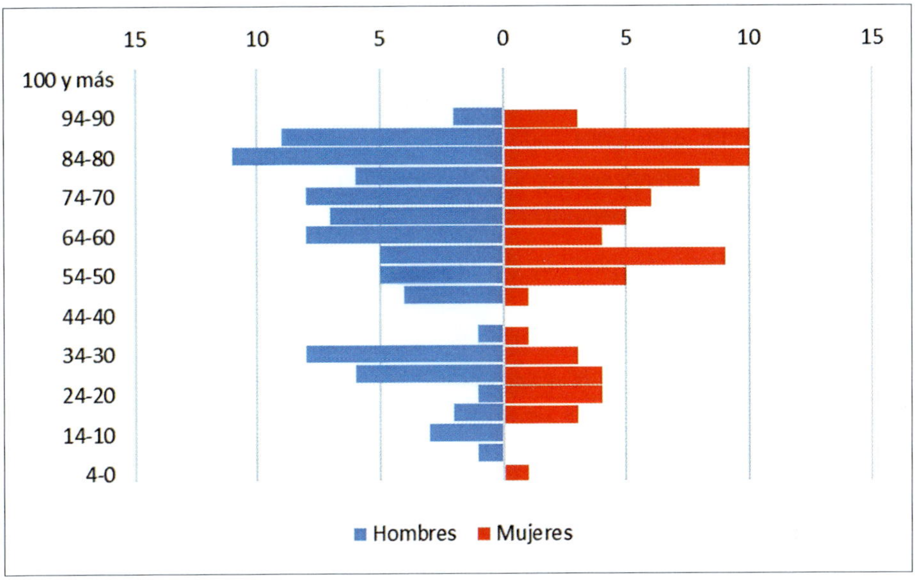

Fuente: INE (elaboración propia).

Respecto a la distribución por sexos, este es el municipio que cuenta con un mayor contraste, con un 53% de hombres y un 47% de mujeres, existiendo equilibrio entre ambos géneros, excepto en las personas en edad de trabajar, donde los hombres son mayoría, generando esta distorsión.

$$IE=\left(\frac{85}{5}\right)100=1.700 \qquad IDJ=\left(\frac{5}{74}\right)100=6,75$$

$$IDV=\left(\frac{85}{74}\right)100=114,86 \qquad IDT=\left(\frac{85+5}{74}\right)100=121,62$$

El IE cuenta con un valor de 1700, lo cual es elevadísimo, y nos viene a decir que la población joven es minúscula si la comparamos con la población de la tercera edad, lo que podría generar el despoblamiento del municipio en el transcurso de una generación. El IDJ es de 6, el más bajo entre los municipios estudiados y que puede suponer que en una década Valdemanco del Esteras se quede sin los trabajadores suficientes. El IDV cuenta con un valor muy elevado, la tercera edad supone una carga insostenible para las personas en edad de trabajar, situación que se puede mantener gracias a la recepción de fondos desde fuera del municipio. El IDT es de 121, la escasa presencia de jóvenes no tiene aquí el efecto compensador que sí tiene en otros municipios, ya que los ancianos suponen más de la mitad de la población, acarreando ambos grupos en conjunto una gran carga para las personas en edad de trabajar.

Podemos diferenciar las siguientes etapas en la evolución histórica de la población de Valdemanco del Esteras:

1900-1959. Fase de crecimiento demográfico, que podemos dividir en dos subetapas:

1900-1940. Fase de crecimiento demográfico sostenido, que varía entre un 14 y un 22% para cada una de las décadas.

1941-1960. Ralentización del crecimiento demográfico debido a la atracción de parte de los trabajadores agrícolas al sector industrial de las ciudades.

1961-2022. Fase de pérdida de población, que podemos dividir en dos subetapas.

1961-1981. En estas dos décadas Valdemanco del Esteras pierde más de la mitad de la población debido a la atracción del sector industrial urbano de las ciudades de parte de los trabajadores rurales.

1982-2022. En esta fase la pérdida de población se reduce en la primera década a tan solo un 2%; sin embargo, esta cifra va aumentando década a década debido al progresivo envejecimiento de la población del municipio.

Gráfico 20

EVOLUCIÓN DE LA POBLACIÓN DE VALDEMANCO DEL ESTERAS (1900-2022)

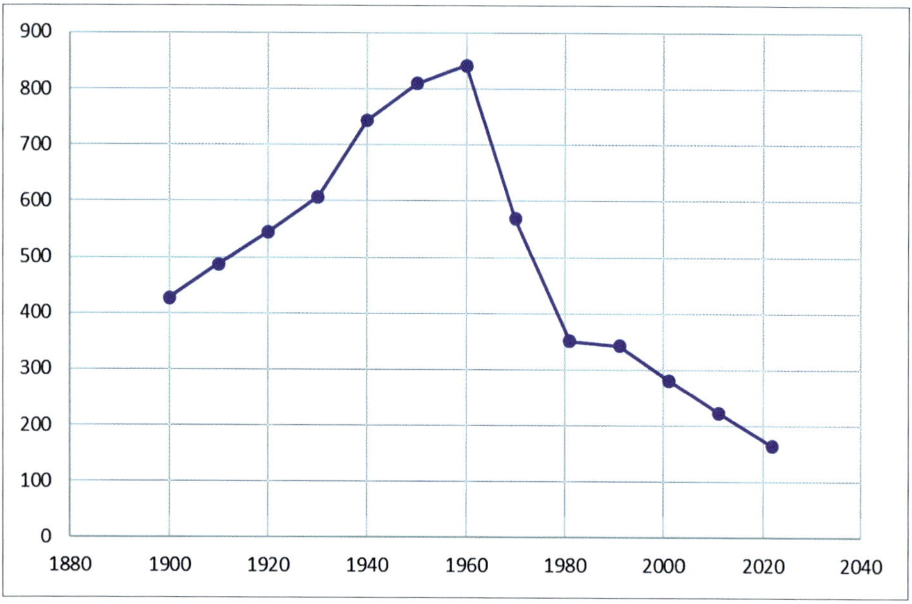

Fuente: INE (elaboración propia).

Tabla 29

EVOLUCIÓN DE LA POBLACIÓN DE VALDEMANCO DEL ESTERAS (1900-2022)

Año	Población	Crecimiento
1900	427	
1910	487	14,05%
1920	545	11,91%
1930	608	11,56%
1940	745	22,53%
1950	810	8,72%
1960	842	3,95%
1970	569	-32,42%
1981	351	-38,31%
1991	343	-2,28%
2001	282	-17,78%
2011	223	-20,92%
2022	164	-26,46%

Fuente: INE (elaboración propia).

4.9. CONCLUSIONES

Respecto a la pirámide poblacional conjunta de la comarca MonteSur, disponible en el gráfico 21, cuenta con una forma regresiva que tiende a convertirse en una pirámide invertida. Conjuntamente, la comarca está compuesta por un 10% de personas jóvenes, un 60% de personas en edad de trabajar y un 30% de personas de la tercera edad. Las personas de entre 55 y 64 años representan el 17% de la población, por lo que es de esperar que a medio plazo se incremente el porcentaje de personas pertenecientes a la tercera edad. En la distribución por sexos encontramos una mayor presencia de mujeres en los intervalos de edad más elevados y más hombres jóvenes y en edad de trabajar. El resultado de los índices para el conjunto del territorio sería el siguiente:

$$IE=\left(\frac{3.214}{1.017}\right)100=316,02 \qquad IDJ=\left(\frac{1.017}{6.474}\right)100=15,70$$

$$IDV=\left(\frac{3.214}{6.474}\right)100=49,64 \qquad IDT=\left(\frac{1.017+3.214}{6.474}\right)100=65,35$$

Estos datos del conjunto de municipios vienen a certificar la mala situación demográfica en la que se encuentra la comarca y la tendencia hacia el deterioro que atestiguan las tendencias de los gráficos. Estos datos se encuentran moderados gracias a Almadén, que comparativamente se encuentra en una mejor situación demográfica, aunque esta tampoco sea buena. No debemos

Gráfico 21
PIRÁMIDE DE POBLACIÓN DE LA COMARCA MONTESUR (2022)

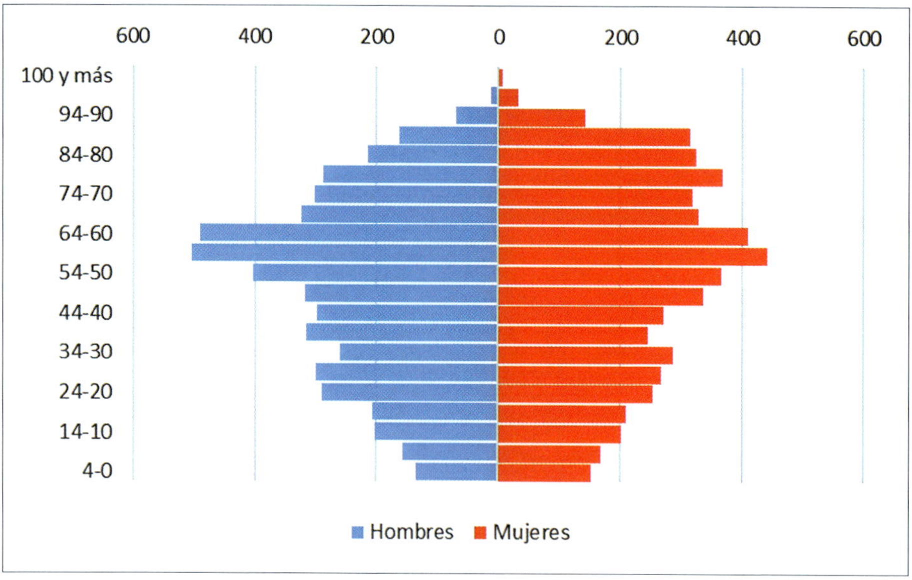

Fuente: INE (elaboración propia).

olvidar que, de los ocho municipios estudiados aquí en Almadén reside el 47% de la población. En líneas generales la interpretación de estos datos vendría a concluir que el conjunto de la comarca tiene una gran presencia proporcional de ancianos, escasez de gente joven y una carga excesiva hacia las personas en edad de trabajar, en lo relativo a las personas en edad de dependencia. En la tabla 31 encontramos un resumen de los indicadores demográficos para cada uno de los municipios y para el territorio en conjunto.

En las pirámides poblacionales encontramos dos tipos, regresivas e invertidas. Las pirámides regresivas cuentan con una baja natalidad y muchas personas en su parte intermedia, especialmente en edades próximas a la tercera edad. Las pirámides invertidas también cuentan con una baja natalidad, pero su parte más ancha se encuentra en las personas de la tercera edad. Las pirámides invertidas son el siguiente paso a las pirámides regresivas, de no tomarse alguna medida en lo relativo a la natalidad o a la atracción de trabajadores foráneos. Existen grandes similitudes entre los municipios estudiados; sin embargo, según los matices de sus pirámides poblacionales, se deberán tomar unas u otras medidas. Los municipios con pirámides invertidas requieren de una actuación más urgente, así como inversiones más cuantiosas en accesibilidad y sanidad. Los municipios con pirámides regresivas también requieren de políticas que luchen contra el despoblamiento; sin embargo, se encuentran en una fase de envejecimiento más temprana. Podemos establecer la siguiente distinción según la pirámide poblacional de los municipios:

Tabla 30

COMPOSICIÓN DE LA POBLACIÓN DE LA COMARCA MONTESUR (2022)

EDAD	HOMBRES	MUJERES	TOTAL	PORCENTAJE
100 y más	0	7	7	0,07%
99-95	12	34	46	0,43%
94-90	70	143	213	1,99%
89-85	164	314	478	4,47%
84-80	215	325	540	5,04%
79-75	289	369	658	6,15%
74-70	302	319	621	5,80%
69-65	323	328	651	6,08%
64-60	490	410	900	8,41%
59-55	504	442	946	8,84%
54-50	404	366	770	7,19%
49-45	317	337	654	6,11%
44-40	298	272	570	5,32%
39-35	315	245	560	5,23%
34-30	260	287	547	5,11%
29-25	299	268	567	5,30%
24-20	290	254	544	5,08%
19-15	206	210	416	3,89%
14-10	203	201	404	3,77%
9-5	158	168	326	3,05%
4-0	135	152	287	2,68%
TOTAL	5.254	5.451	10.705	100%
PORCENTAJE	49,08%	50,92%	100%	

Fuente: INE (elaboración propia).

MUNICIPIOS CON UNA PIRÁMIDE REGRESIVA:

Agudo

Almadén

Almadenejos

Chillón

Guadalmez

Saceruela

MUNICIPIOS CON UNA PIRÁMIDE INVERTIDA:

Alamillo

Valdemanco del Esteras

Tabla 31

RESUMEN DE LOS ÍNDICES DEMOGRÁFICOS DE LA COMARCA MONTESUR

MUNICIPIO	IE	IDJ	IDV	IDT
Agudo	269,35	20,04	53,98	74,03
Alamillo	845,45	8,59	72,65	81,25
Almadén	261,98	15,97	41,84	57,81
Almadenejos	400,00	13,85	55,41	69,26
Chillón	315,51	16,81	53,04	69,85
Guadalmez	545,65	10,92	59,61	70,54
Saceruela	435,89	12,30	53,62	65,93
Valdemanco del Esteras	1.700,00	6,75	114,86	121,62
COMARCA MONTESUR	316,02	15,70	49,64	65,35

Fuente: INE (elaboración propia).

Tabla 32

DISTRIBUCIÓN DE LA POBLACIÓN DE LA COMARCA MONTESUR POR GRUPOS DE EDAD

MUNICIPIO	JÓVENES (14 AÑOS O MENOS)	ADULTOS (15-65 AÑOS)	TERCERA EDAD (MÁS DE 65 AÑOS)
Agudo	12%	57%	31%
Alamillo	5%	55%	40%
Almadén	10%	63%	27%
Almadenejos	8%	59%	33%
Chillón	10%	59%	31%
Guadalmez	6%	59%	35%
Saceruela	8%	60%	32%
Valdemanco del Esteras	3%	45%	52%
COMARCA MONTESUR	10%	60%	30%

Fuente: INE (elaboración propia).

Tabla 33

DISTRIBUCIÓN DE LA POBLACIÓN DE LA COMARCA MONTESUR POR SEXOS

MUNICIPIO	HOMBRES	MUJERES
Agudo	50,22%	49,78%
Alamillo	52,37%	47,63%
Almadén	48,21%	51,79%
Almadenejos	51,15%	48,85%
Chillón	48,01%	51,99%
Guadalmez	48,61%	51,39%
Saceruela	52,47%	47,53%
Valdemanco del Esteras	53,05%	46,95%
COMARCA MONTESUR	49,08%	50,92%

Fuente: INE (elaboración propia).

Respecto a la evolución histórica de la población de los municipios podemos encontrar una distinción entre dos tendencias: aquellos municipios cuyos habitantes trabajaban en la mina, que cuentan con una tendencia diferente a aquellos que estaban más enfocados en las labores agrícolas típicas de la España rural. Además, esta diferente evolución demográfica concuerda con la distancia existente entre la mina de Almadén y los municipios, contando con una tendencia diferente aquellos municipios que se encontraban más próximos a la mina, factor que se detalla en la tabla 34.

Tabla 34

DISTANCIA DE LOS MUNICIPIOS DE LA COMARCA MONTESUR
A LAS MINAS DE ALMADÉN

MUNICIPIO	DISTACNCIA A LAS MINAS DE ALMADÉN (KM)
Agudo	34
Alamillo	30
Almadén	0
Almadenejos	13
Chillón	4
Guadalmez	21
Saceruela	32
Valdemanco del Esteras	27

Fuente: Google Maps (elaboración propia).

Tabla 35

EVOLUCIÓN DE LA POBLACIÓN DE LA COMARCA MONTESUR (1900-2022)

Año	Población	Crecimiento
1900	16.643	
1910	19.397	16,55%
1920	21.834	12,56%
1930	26.680	22,19%
1940	30.360	13,79%
1950	31.408	3,45%
1960	31.876	1,49%
1970	23.377	-26,66%
1981	19.091	-18,33%
1991	16.525	-13,44%
2001	14.317	-13,36%
2011	12.758	-10,89%
2022	10.705	-16,09%

Fuente: INE (elaboración propia).

Gráfico 22

EVOLUCIÓN DE LA POBLACIÓN DE LA COMARCA MONTESUR (1900-2022)

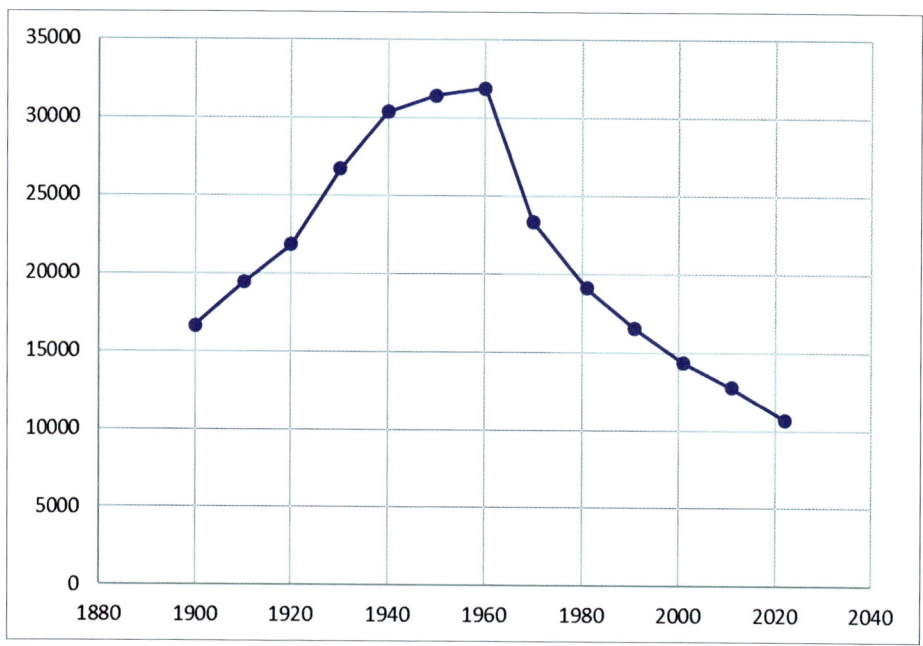

Fuente: INE (elaboración propia).

Entre los municipios más dedicados al mundo agrícola encontramos a Agudo, Guadalmez, Saceruela, Alamilllo y Valdemanco del Esteras, con las siguientes tendencias:

Un periodo de crecimiento sostenido, que se puede dividir en dos subetapas:

1900-1940. En esta subetapa se dará un crecimiento acelerado o sostenido de la población, dependiendo del municipio. Esta etapa se corresponde con el modelo de transición demográfica que atravesaba España en ese momento, con altas tasas de mortalidad y natalidad.

1941-1960. Desaceleración del crecimiento a niveles mucho más bajos que en las décadas anteriores, e incluso algunos municipios empiezan a perder población en este momento. Se trata de los años de la posguerra y la autarquía, por lo que es entendible que se desacelere el crecimiento poblacional. Además, en la década de los 50 se comenzará a dar tímidamente el éxodo rural.

Un periodo de pérdida de población, que se puede dividir en dos subetapas:

1961-1981. Proceso acelerado de pérdida de población, donde muchos de los municipios pierden más de la mitad de sus habitantes. Serán los años del milagro económico español y del Plan de Estabilización, que ocasionarán que muchos de los habitantes de estos pueblos se muden a las grandes ciudades en búsqueda de unas mejores condiciones.

1982-2022. Los niveles de pérdida de población se moderan inicialmente, pero van creciendo progresivamente. Una buena parte de las personas en edad de trabajar se habían mudado a las ciudades, por lo que en los pueblos quedaron los trabajadores agropecuarios y las personas de la tercera edad. El envejecimiento cada vez es mayor, lo que provoca que la mortalidad vaya aumentando progresivamente, a la par que la pérdida de población.

Almadén y Chillón, por su dependencia de la actividad minera, tendrán ciertos matices que diferencien su evolución demográfica del resto de municipios.

1900-1930. El crecimiento demográfico se relaciona estrechamente con tres eventos que aumentarán internacionalmente la demanda de mercurio y en consecuencia la mano de obra requerida en las minas. Estos eventos serán: la explotación de la mina por la familia Rothschild, la Primera Guerra Mundial y la pujanza económica experimentada durante los años veinte. El crecimiento de estos municipios será más estable que el de aquellos dedicados a la actividad agrícola.

1931-1960. Durante esta etapa los municipios mineros experimentarán una desaceleración mucho más marcada que los municipios dedicados a las labores del campo. En este periodo la actividad de la mina decaerá debido a la falta de medios técnicos por la Guerra Civil y la mala fama que va adquiriendo el mercurio fruto de los envenenamientos de Japón de 1953.

1961-2022. A partir de 1961 se dará un proceso sostenido de pérdida de población, pero no a los niveles de otros municipios, que en este periodo pierden la mitad de su población. La mina de Almadén tiene un efecto estabilizador, que hace que la pérdida de población sea más progresiva, especialmente en el propio Almadén, aunque con el paso del tiempo la pérdida de población va aumentando progresivamente.

La evolución de ambos tipos de municipios cuenta con muchas similitudes, pero también con algunos matices a tener en cuenta. La actividad minera y la prolongación de sus actividades hasta 2001 han generado que Chillón y Almadén cuenten con una evolución demográfica diferente a la del resto del entorno. Por otro lado, los municipios agrícolas cuentan con una evolución demográfica muy similar a la del resto de municipios manchegos, que experimentaron una importante pérdida de población durante la década de los sesenta y setenta. Otros municipios agrícolas que sufrieron procesos parecidos fueron Riópar, Calzada de Calatrava o Anchuras. Un caso particular es Almadenejos, ya que su evolución se encuentra a medio camino entre los municipios agrícolas y los mineros, pues experimenta una desaceleración muy marcada entre 1931 y 1960, como los municipios mineros, pero también sufre la súbita pérdida de población en el periodo 1961-1981, como los municipios agrícolas.

5
ESTRUCTURA SOCIOECONÓMICA

Al hablar de estructura socioeconómica nos referimos a los recursos que tienen a su disposición los pobladores de la comarca MonteSur, en un sentido amplio del término. En este apartado se tratarán elementos fundamentales a la hora de garantizar la movilidad social, tales como la educación o los servicios sanitarios, aunque las infraestructuras de transporte fueron tratadas en el capítulo 3, por encontrarse estrechamente ligadas a las condiciones del medio. También se realizará un análisis de las condiciones económicas actuales de la comarca, para establecer comparativamente su situación respecto al resto de la región. Además se abordará los recursos con los que cuenta la comarca de cara a atraer riqueza a la zona.

5.1. SERVICIOS SANITARIOS

Las infraestructuras de salud son un componente básico para una región, y más en el caso estudiado, pues estamos hablando de un conjunto de municipios considerablemente envejecidos. La cercanía o lejanía de los servicios sanitarios generará costes de desplazamiento y retrasos en la detección y tratamiento de enfermedades. La comarca MonteSur cuenta con las siguientes infraestructuras sanitarias en su territorio:

AGUDO

Centro de salud
Punto de atención continuada

ALAMILLO

Punto de atención continuada

ALMADÉN

Centro de salud
Centro de especialidades
Punto de atención continuada

ALMADENEJOS

Consultorio local

CHILLÓN

Consultorio local

GUADALMEZ

Consultorio local

SACERUELA

Consultorio local

VALDEMANCO DEL ESTERAS

Consultorio local

Los centros de salud y de atención primaria son la base en torno a la cual se constituye el sistema sanitario de Castilla-La Mancha, pues se especializan en la atención general y primaria, siendo la primera línea de actuación. Es necesario precisar que los consultorios locales no se encuentran abiertos todos los días de la semana, pues lo habitual es que un médico lleve varios consultorios locales y vaya rotando. La inversión en atención primaria puede ayudar a reducir los gastos sanitarios a nivel general, pues ayuda a detectar las enfermedades en su fase inicial, cuando su tratamiento es menos costoso y se cuenta con una mayor probabilidad de atajar la enfermedad con éxito. Los centros de especialidad suponen el siguiente nivel del sistema sanitario de Castilla-La Mancha, atendiendo aquellas patologías que la atención primaria les deriva, por tratarse de una dolencia que requiere una atención específica. Por último, los centros de atención continuada ejercen su actividad fuera del horario

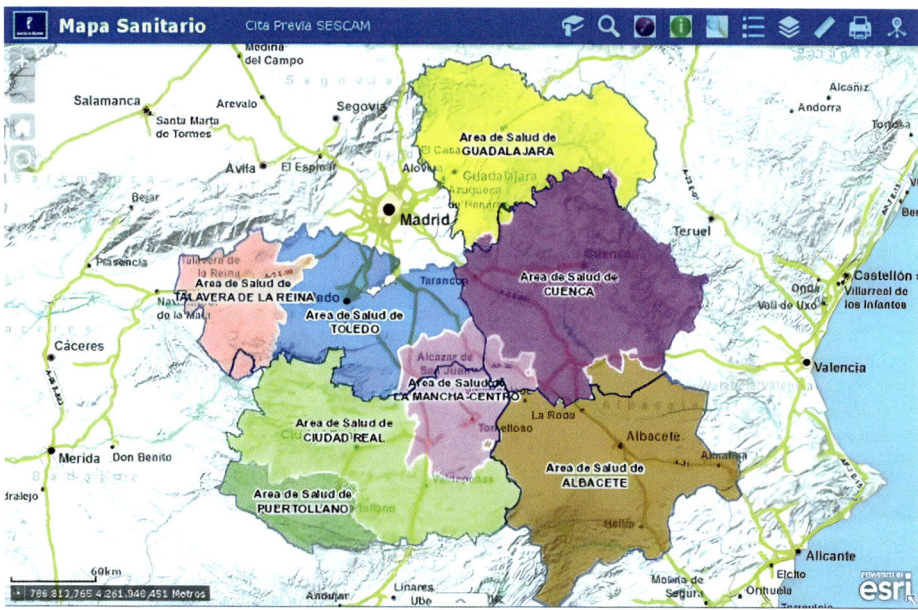

Áreas sanitarias de Castilla-La Mancha. Fuente: Consejería de Sanidad de Castilla-La Mancha.

de los centros de salud y se dedican a atender situaciones que requieren atención inmediata pero no son tan graves como para ir directamente a un hospital.

La comarca MonteSur cuenta con una mínima dotación de instalaciones de atención primaria, ya que, si bien todos los municipios cuentan con instalaciones de atención primaria, muchos de ellos solo cuentan con consultorios locales, que no se encuentran abiertos todos los días, por lo que la atención primaria requerida puede demorarse algo en el tiempo. Dependiendo de la dolencia, las personas deberían desplazarse a los centros de salud de Agudo y Almadén. El centro especializado de Almadén puede dar servicio sanitario a la comarca siempre y cuando no se requiera de un instrumental médico excesivamente específico. Por último, los puntos de atención continuada hacen las veces de urgencias para estas localidades, siempre que la gravedad de las dolencias no requiera una atención específica.

La atención primaria es mínima, sin embargo, la situación en lo relativo a la atención secundaria, es igualmente mínima o incluso nula, dependiendo de la patología a tratar, por lo que habitualmente los pobladores de estos municipios deben desplazarse a hospitales en municipios distantes. Respecto al área de salud, nos encontramos con una división, ya que algunos municipios pertenecen al área de salud de Ciudad Real y otros a la de Puertollano, como se ve en el mapa de la pagina anterior, lo que quiere decir que reciben servicios en hospitales diferentes:

ÁREA DE SALUD DE PUERTOLLANO (HOSPITAL SANTA BARBARA DE PUERTOLLANO):

Almadén
Alamillo
Almadenejos
Chillón
Guadalmez

ÁREA DE SALUD DE CIUDAD REAL (HOSPITAL GENERAL UNIVERSITARIO DE CIUDAD REAL):

Agudo
Valdemanco del Esteras
Saceruela

Las personas con una edad avanzada deberán o bien depender de familiares para ser llevados a las instalaciones hospitalarias o bien utilizar el servicio de ambulancias que transporta a estas personas a las instalaciones hospitalarias. En cualquiera de los dos casos las instalaciones hospitalarias se encuentran muy distantes y es necesario realizar un largo trayecto, como se detalla en la tabla 36, próximo a una hora de viaje para todos los municipios. Existiría otra opción para los habitantes de la comarca MonteSur, ya que para algunos municipios se tarda menos en llegar al hospital de Pozoblanco que a los asignados en la provincia de Ciudad Real, como se detalla en las tablas 37 y 38. En concreto, los habitantes de Alamillo, Almadén, Almadenejos,

Tabla 36
DISTANCIA Y TIEMPO DE LLEGADA EN COCHE AL HOSPITAL ASIGNADO
PARA CADA UNO DE LOS MUNICIPIOS DE LA COMARCA MONTESUR

MUNICIPIO	AL HOSPITAL DE PUERTOLLANO (MINUTOS)	AL HOSPITAL DE CIUDAD REAL (MINUTOS)	DISTANCIA (KM)
Agudo	X	79	105
Alamillo	53	X	72
Almadén	66	X	89
Almadenejos	63	X	67
Chillón	69	X	91
Guadalmez	69	X	91
Saceruela	X	51	70
Valdemanco del Esteras	X	72	93

Fuente: Google Maps (elaboración propia).

Tabla 37
DURACIÓN DEL TRAYECTO EN COCHE A LOS HOSPITALES DE
PUERTOLLANO, CIUDAD REAL Y POZOBLANCO

MUNICIPIO	AL HOSPITAL DE PUERTOLLANO (MINUTOS)	AL HOSPITAL DE CIUDAD REAL (MINUTOS)	AL HOSPITAL DE POZOBLANCO (MINUTOS)
Agudo	X	79	81
Alamillo	53	X	44
Almadén	66	X	46
Almadenejos	63	X	58
Chillón	69	X	51
Guadalmez	69	X	42
Saceruela	X	51	71
Valdemanco del Esteras	X	72	74

Fuente: Google Maps (elaboración propia).

Guadalmez y Chillón tardarían menos minutos en llegar a las instalaciones hospitalarias de Pozoblanco que a las de la provincia de Ciudad Real. Sin embargo, como Pozoblanco pertenece a la comunidad autónoma de Andalucía, por motivos administrativos no es posible que los habitantes de la comarca MonteSur vayan al hospital de Pozoblanco. Por lo tanto, como consecuencia de las competencias asignadas a las comunidades autónomas y obedeciendo a motivos políticos e institucionales, se impide que la atención sanitaria pueda ser más eficiente de lo que es en la actualidad. Para generar una situación más eficiente en la administración sanitaria, se debería comenzar a cooperar entre administraciones iguales, referidas a un mismo nivel administrativo.

Tabla 38
DISTANCIA COMPARATIVA ENTRE LOS HOSPITALES DE
PUERTOLLANO, CIUDAD REAL Y POZOBLANCO

MUNICIPIO	A LOS HOSPITALES ASIGNADOS EN LA PROVINCIA DE CIUDAD REAL (KM)	AL HOSPITAL DE POZOBLANCO (KM)
Agudo	105	91
Alamillo	72	55
Almadén	89	58
Almadenejos	67	70
Chillón	91	59
Guadalmez	91	48
Saceruela	70	88
Valdemanco del Esteras	93	84

Fuente: Google Maps (elaboración propia).

En líneas general los servicios sanitarios presentes en la comarca MonteSur son suficientes en lo relativo a la atención primaria, aunque mejorables. La auténtica problemática surge en lo relativo a la atención especializada, ya que sus habitantes deben desplazarse grandes distancias, existiendo una opción más próxima para algunos municipios. La comarca va a experimentar en los próximos años un proceso de envejecimiento donde las personas de la tercera edad cada vez representarán una porción más importante de la población. Por lo tanto, y para ahorrar un tiempo que en muchas ocasiones puede resultar fundamental se deberá mejorar la atención sanitaria secundaria o facilitar el acceso a las instalaciones de Pozoblanco.

5.2. ENTIDADES BANCARIAS

Las entidades bancarias suponen uno de los ejes vertebradores de la economía actual. Los bancos no solo movilizan la capacidad de financiación de la economía para hacérsela llegar a aquellos agentes que tienen necesidad de financiación. Los bancos también tienen una función de asesoramiento financiero y fiscal. Si bien es cierto que la mayor parte de esta función de asesoramiento se puede desarrollar por vía telemática, debemos tener en cuenta que el 30% de la población de la comarca tiene 65 años o más, por lo que pueden tener dificultades para utilizar las nuevas tecnologías. Los bancos que cuentan con presencia en la comarca, siguiendo lo establecido en sus páginas web, son los siguientes:

AGUDO

Globalcaja

Eurocaja Rural

Unicaja[21]

ALAMILLO

Banco Santander

Globalcaja

Unicaja

ALMADÉN

Banco Santander

Globalcaja

Eurocaja Rural

BBVA

Unicaja

Caixabank

ALMADENEJOS

Globalcaja

CHILLÓN

Globalcaja

GUADALMEZ

Globalcaja

SACERUELA

Globalcaja

Unicaja

Al igual que en otras muchas áreas, destaca Valdemanco del Esteras por no contar con ninguna entidad bancaria en su municipio. Por lo demás, los municipios de la comarca cuentan con bastantes entidades financieras. Exceptuando a Guadalmez, Chillón y Almadenejos, los otros cinco municipios cuentan con al menos dos entidades bancarias diferentes en su localidad, lo que aumenta la competitividad entre estas para captar a los clientes locales. Además, en el medio rural las entidades bancarias suelen tramitar la Política Agraria Común (PAC) por lo que juegan un papel central a la hora de hacer llegar a los trabajadores del sector primario los ingresos que hacen que su actividad sea competitiva. En conclusión, y a excepción de Valdemanco del Esteras y en menos medida Guadalmez, Chillón y Almadenejos, los municipios de la comarca cuentan con una implantación del sistema bancario al menos suficiente como para satisfacer las necesidades de la población.

5.3. SISTEMA EDUCATIVO

El sistema educativo de una zona condiciona su marcha económica en la medida en que las personas con un mayor nivel educativo suelen dedicarse a actividades generadoras de mayor valor añadido en los procesos productivos. Por lo tanto, si una región quiere ser competitiva económicamente deberá contar con una masa laboral formada, que se afinque en la zona para generar valor en ella. La educación juega un papel central en la TCE, que le da importancia a la inversión en educación; en la TCR la presencia de personas con formación posibilitará el cambio estructural; la TDI considera la educación como una institución más que debe potenciarse; y la TDRE le otorga a la mejora técnica un papel central.

Una de las mayores fuentes de información sobre los centros educativos de infantil, primaria y secundaria es el proyecto educativo del centro, un documento que se actualiza año a año y donde figuran datos como el número de alumnos, las condiciones socioeconómicas de los mismos o los estudios ofertados por el centro. La actual ley educativa, la LOMLOE, establece lo siguiente sobre los PEC en su artículo 121.3:

> «los centros establecerán sus proyectos educativos, que deberán hacerse públicos con objeto de facilitar su conocimiento por el conjunto de la comunidad educativa» (Gobierno de España, 2020, p. 132).

Sin embargo, de los ocho centros estudiados aquí de infantil, primaria y secundaria tan solo dos[22] contaban con un PEC publicado perteneciente al actual curso. Por lo tanto, buena parte de la información contenida en estos apartados ha sido recabada mediante llamadas telefónicas y correos electrónicos.

5.3.1. Educación infantil y primaria

La zona lleva experimentando durante muchas décadas una continuada bajada de la natalidad, que da lugar a que cada vez haya menos alumnos para mantener abiertos los colegios. Para evitar que las zonas rurales se quedaran sin acceso a la educación infantil y primaria se creó en 1986 el concepto de colegio rural agrupado (CRA)[23]. Los CRA integran los colegios de varios pueblos que tengan problemas para continuar dando clase debido al escaso número de alumnos y los combinan para crear una nueva institución (Consejería de Educación, Cultura y Deporte, 2024). A efectos prácticos se trata de una medida administrativa que posibilita que el entorno rural continúe teniendo acceso a estos servicios, mientras que en la práctica cada centro continúa ejerciendo la docencia. En el caso de la comarca MonteSur, los colegios de Alamillo, Almadenejos, Guadalmez y San Benito (pedanía de Almodóvar del Campo) se unieron, constituyendo el CRA Entre Jaras, para poder seguir ejerciendo la docencia en estas poblaciones, con un número total de alumnos en el curso 2023-2024 de 59 en infantil y primaria (CRA Entre Jaras, 2024). El escaso número de alumnos en este colegio hace que alumnos de diferentes niveles tengan que juntarse en una misma clase.

Respecto al resto de municipios, en Chillón se ubica el CEIP Nuestra Señora del Castillo que cuenta con 97 alumnos en el curso 2023-2024, por lo que tiene tres clases de infantil y seis de primaria, no teniendo que mezclar alumnos de diferentes niveles. En Agudo encontramos el CEIP Virgen de la Estrella, que tiene para el curso actual 145 alumnos, con los nueve niveles de infantil y primaria, en este centro también se instruyen los jóvenes de Valdemanco del Esteras, que son trasladados al municipio por un microbús. En Saceruela encontramos el CEIP Virgen de las Cruces que tiene en el actual curso 26 alumnos de infantil y primaria, debiendo mezclar a alumnos de diferentes niveles debido a la escasa presencia de jóvenes en el municipio. Almadén es el municipio que cuenta con unas mayores infraestructuras en este nivel educativo, ya que tiene dos colegios con infantil y primaria cada uno. El CEIP Jesús Nazareno que tiene 160 alumnos y el CEIP Hijos de Obreros que cuenta con 164 alumnos, ambos integrados por alumnos procedentes exclusivamente de Almadén. Los dos colegios situados en Almadén cuentan con tres cursos de infantil y seis de primaria.

5.3.2. Educación secundaria y formación profesional

Si en la educación primaria e infantil encontramos cierta homogeneidad en la distribución de los centros, en la educación secundaria se va a observar una concentración de estos en torno al mayor núcleo poblacional, Almadén. De los ocho municipios estudiados el único que cuenta con centros educativos de secundaria es Almadén, en concreto dos: el IES Mercurio y el IES Pablo Ruiz Picasso. En ambos centros educativos se imparte la ESO y el Bachillerato en sus modalidades de Humanidades y Ciencias Sociales y en Ciencias y Tecnología. Por lo tanto, si algún estudiante quiere cursar Bachillerato en su modalidad Artística, General o en régimen de nocturnidad deberá abandonar la comarca para poder realizar dichos estudios. Almadén también cuenta con el CEPA Almadén, donde los mayores de edad pueden cursar clases para obtener el título de la ESO, así como cursos de Acceso a la Universidad, Idiomas o Informática. La oferta en formación profesional se concentra en el IES Mercurio, que cuenta con las siguientes titulaciones, tal y como figura en su PEC:

Ciclo Formativo de Grado Básico de Electricidad y Electrónica.

Ciclo Formativo de Grado Medio de Gestión Administrativa.

Ciclo Formativo de Grado Superior de Administración y Finanzas.

Ciclo Formativo de Grado Medio de Instalaciones Eléctricas y Automáticas.

Ciclo Formativo de Grado Superior de Sistemas Electrotécnicos y Automatizados.

Ciclo Formativo de Grado Superior de Mecatrónica Industrial

El IES Mercurio cuenta en el curso 2023-2024 con 233 alumnos (IES Mercurio, 2023). Mientras que el IES Pablo Ruiz Picasso está compuesto por 272 alumnos para el mismo curso. A estos dos institutos de secundaria acuden alumnos procedentes de las poblaciones de Agudo, Alamillo, Guadalmez, Chillón, Saceruela, Fontanosas, Almadenejos y Valdemanco del Esteras. Por último, el CEPA Almadén cuenta con una procedencia muy heterogénea del alumnado, ya que trabajan con mayores de edad, aunque no ha sido posible obtener el número de alumnos. Los alumnos del resto de municipios de la comarca MonteSur deben trasladarse diariamente al IES Mercurio o al IES Pablo Ruiz Picasso, para lo que se utilizan varios autobuses que cubren diariamente la ruta, el tiempo del trayecto se detalla en la tabla 39. El cambio de la etapa de primaria a secundaria es aún más acentuado en la comarca MonteSur, ya que los alumnos pasan de estar en grupos muy reducidos e incluso combinando varios niveles a estar con gente solo de su edad y procedentes de diferentes municipios.

Tabla 39

DURACIÓN DEL TRAYECTO EN AUTOBÚS HASTA ALMADÉN

MUNICIPIO	DISTANCIA HASTA ALMADÉN EN AUTOBÚS (MINUTOS)
Agudo	33
Alamillo	25
Almadenejos	13
Chillón	11
Guadalmez	19
Saceruela	24
Valdemanco del Esteras	27

Fuente: Google Maps (elaboración propia).

5.3.3. Educación universitaria

Quizás pueda resultar sorprendente que en la comarca se puedan cursar estudios universitarios, pero esta institución está abierta desde 1777 y en la actualidad cualquier iniciativa de cierre se ha saldado con una activa movilización de la población civil[24]. La Escuela de Ingeniería Minera e Industrial de Almadén (EIMIA) es en la actualidad el mayor generador de empleo en Almadén, ya que en sus instalaciones trabajan unas 80 personas (Izquierdo Iglesias, 2020). El EIMIA funciona en la actualidad como un centro asociado dependiente del Campus de Ciudad Real de la Universidad de Castilla-La Mancha (UCLM). Los estudios ofertados, así como el número de plazas en cada uno de estos se detalla en la tabla 40.

Respecto al número de matriculados y titulados, podemos encontrar estos datos en las tablas 41 y 42, procedente la información del portal de trasparencia

Tabla 40

NÚMERO DE PLAZAS OFERTADAS EN EL CENTRO ASOCIADO DE ALMADÉN

Estudio	Número de plazas
Grado en Ingeniería Minera y Energética	20
Grado en Ingeniería Eléctrica	30
Grado en Ingeniería Mecánica	30
Máster en Ingeniería de Minas	25
Máster de formación permanente en Dirección de Estaciones de Inspección Técnica de Vehículos	15

Fuente: Escuela de Ingeniería Minera e Industrial de Almadén (elaboración propia).

Tabla 41

NÚMERO DE MATRICULADOS EN LA EIMIA (CURSO 2021-2022)

Tipo de estudio	Número de matriculados
GRADO Y PRIMER Y SEGUNDO CICLO	
Hombres	155
Mujeres	49
Total grado y primer y segundo ciclo	204
MÁSTER	
Hombres	44
Mujeres	8
Total máster	52
TOTAL GENERAL	256

Fuente: Portal de transparencia de la UCLM (elaboración propia).

de la UCLM, aunque los últimos datos disponibles pertenecen al curso 2021-2022 (UCLM, 2024). La EIMIA cuenta aproximadamente cada año con unos 250 alumnos de los cuales una treintena se gradúan o de estudios de grado o de master. De estos alumnos aproximadamente un 20% proceden del entorno más inmediato a Almadén, mientras que el resto de estudiantes son de fuera de la comarca. Entre los alumnos de la EIMIA destacan los extranjeros, ya que la escuela ha firmado convenios de colaboración con otros países para asegurarse un número suficiente de alumnos; por la cercanía en idioma y cultura destacan los convenios firmados con Guinea Ecuatorial. Sin embargo, la EIMIA cuenta con dos riesgos existenciales, pues se encuentra en un mercado laboral que no puede absorber a los egresados, por lo que la mayoría deben abandonar la comarca una vez terminada su formación. Por otro lado, dos de las tres ingenierías ofertadas en Almadén también se pueden cursar en Ciudad

Real[25], lo que provoca que muchos estudiantes decidan mudarse a la capital de provincia, ya que esta se encuentra en un mercado laboral más dinámico y oferta una dotación de servicios más amplia.

Tabla 42
NÚMERO DE TITULADOS EN LA EIMIA (CURSO 2021-2022)

TIPO DE ESTUDIO	NÚMERO DE MATRICULADOS
GRADO Y PRIMER Y SEGUNDO CICLO	
Hombres	19
Mujeres	4
Total grado y primer y segundo ciclo	23
MÁSTER	
Hombres	11
Mujeres	0
Total máster	11
TOTAL GENERAL	34

Fuente: Portal de transparencia de la UCLM (elaboración propia).

5.3.4. Conclusiones

En educación infantil y primaria la comarca cuenta con una dotación mínima de servicios, ya que, si bien todos los municipios a excepción de Valdemanco del Esteras tienen un centro, muchos de estos tienen un número escaso de alumnos y su viabilidad a corto y medio plazo podría verse comprometida. La educación secundaria y de formación profesional se encuentra concentrada en Almadén, teniendo que desplazarse los alumnos a diario para continuar con sus estudios obligatorios. La centralización de estos estudios en Almadén se debe a un intento de aumentar la eficiencia del gasto público. Aunque, a efectos prácticos, de cara a la población sería más cómodo contar con un instituto en otras poblaciones como Agudo o Chillón y más cuando hay municipios en la provincia menos habitados y que cuentan con instituto[26]. La mayor peculiaridad la constituye la presencia de estudios universitarios en la región, situación que se explica más por razones históricas que prácticas, aunque su pervivencia les da a estos municipios mayor dinamismo económico y laboral. Sin embargo, nos encontramos con la paradoja de tener personas formadas que terminan huyendo de sus territorios de origen por motivos, fundamentalmente, laborales.

5.4. ESTRUCTURA ECONÓMICA

5.4.1. Estructura empresarial

Antes de comenzar a hablar de la estructura económica de la comarca deberemos hacer una distinción entre los tipos de empresas. Por una parte, estableceremos una diferencia cuantitativa, clasificando a las empresas en función del número de trabajadores que tengan, según los datos de la Tesorería General de la Seguridad Social (TGSS), siendo la división la siguiente: gran empresa (más de 250 trabajadores), empresa mediana (249-50 trabajadores), empresa pequeña (49-10 trabajadores) o microempresa (9 o menos trabajadores). Por otra parte, se establecerá una diferencia cualitativa en función del sector en el que se especialicen las empresas, para lo cual se emplearán los códigos de la clasificación nacional de actividades económicas (CNAE), que divide a las empresas en 21 tipologías según su actividad. El número de empresas clasificadas siguiendo estos dos criterios se encuentran en las tablas de la 43 a la 51, tanto para cada uno de los municipios como para la comarca de forma conjunta. Los datos relativos a las empresas pertenecen al año 2024.

El primer elemento que podemos destacar es la ausencia en la comarca de alguna empresa con más de 250 trabajadores, siguiendo los datos de la TGSS. Las grandes empresas suelen ser grandes generadoras de empleo, tanto en términos directos como indirectos, al mismo tiempo que aumentan los ingresos fiscales de la zona en general. Aunque, ya sea por las malas comunicaciones o por la población envejecida, ninguna gran empresa ha decidido asentarse en alguno de los municipios por el momento. Respecto a las medianas empresas, encontramos una presencia muy moderada en el territorio, pues tan solo hay cuatro en los ocho municipios estudiados, dos de las cuales se sitúan en Almadén y otras dos en Agudo.

Una de estas medianas empresas está enfocada hacia el sector primario, otras dos hacia las actividades sanitarias y de servicios sociales y una última dedicada a la administración pública. La empresa dedicada a la agricultura se puede relacionar con la tradición agrícola y ganadera de los municipios más alejados de la mina. Las actividades sanitarias, ubicadas en el primero y el tercero de los municipios más poblados, se relacionan con la alta edad media de las poblaciones y la necesidad de invertir en asistencia médica. Por último, la mediana empresa, dedicada a la administración pública y ubicada en Almadén, se relaciona con las necesidades operativas del municipio más densamente poblado. En definitiva, ninguna de estas medianas empresas cuanta con la capacidad de atraer grandes inversiones.

Respecto a las empresas pequeñas, un dato que no ha sido posible reseñar en las tablas es la presencia de bastantes empresas con 49 empleados. La proliferación de empresas con este número concreto de trabajadores se puede relacionar con los requisitos burocráticos e impositivos que adquieren las empresas cuando exceden este número de empleados. Encontramos un total de

56 pequeñas empresas en la comarca MonteSur, lo que supone el 16% de las empresas. La presencia de estas pequeñas empresas se encuentra relacionada con la población, ya que, en líneas generales, a más población mayor número de medianas empresas, encontrándose los dos municipios menos poblados, Almadenejos y Valdemanco del Esteras sin pequeñas empresas.

Dentro de estas pequeñas empresas la que cuenta con un mayor peso son las dedicadas al sector primario, suponiendo el 18% de este tipo de empresas, seguidas por las empresas de construcción, con el 14%, y empatando en el tercer lugar las empresas dedicadas al suministro de agua y gestión de residuos y el comercio mayorista, minorista y la reparación de vehículos. Las empresas dedicadas al sector primario constituyen la mayor parte de las pequeñas empresas, aunque este sector es poco dinámico y su rentabilidad se encuentra en buena parte ligada a las ayudas de la PAC. Respecto al resto de empresas que constituyen una parte importante de las pequeñas empresas de la comarca están orientadas a la prestación de servicios y pertrechar a los habitantes con los recursos necesarios. Sin embargo, este tipo de empresas, exceptuando el caso del sector agrícola, cuentan con un escaso margen para sustituir trabajo por capital, innovar o atraer talento, aunque el sector de la construcción podría generar riqueza si el mercado inmobiliario fuese lo suficientemente dinámico. Pero la constante pérdida de población de la comarca invita a pensar que la situación no es esta.

Por último, las microempresas son las que cuentan con un mayor peso dentro de la comarca, suponiendo el 83% de las empresas presentes en la misma. Las PYMES son grandes generadoras de empleo y riqueza en términos relativos; sin embargo, también se encuentran muy expuestas a los cambios coyunturales que puedan ocurrir en la economía. Las PYMES no tienen acceso a herramientas financieras avanzadas, como el apalancamiento, por lo que en un contexto de contracción económica nacional tienden a perder competitividad o cerrar. Dentro de las microempresas encontramos una distribución más heterogénea de estas entre los sectores productivos contemplados dentro de la CNAE.

Entre ellas destacan las microempresas dedicadas a la construcción, suponiendo un 11% del total. Debemos señalar que muchas de las viviendas son antiguas, por lo que requieren un mantenimiento continuo. Destaca nuevamente el comercio al por menor, por mayor y reparación de vehículos, con el 10% del total, encaminado nuevamente a cubrir las necesidades cotidianas de la población. También aquí destaca el sector primario, con un 9% de las empresas. Por último, como sectores relevantes podemos destacar las actividades profesionales, científicas y técnicas, con un 7% del total y las actividades inmobiliarias, con un 8% del total. Estas empresas cuentan con un mayor margen para generar valor añadido en el territorio, las inmobiliarias mediante la comercialización de las residencias y la dinamización del mercado de la vivienda, mientras que el sector de las empresas científicas y técnicas constituye un importante motor en la recepción de innovaciones técnicas y la dinamización de los procesos productivos.

Tabla 43

ESTRUCTURA PRODUCTIVA DE AGUDO (2024). TIPO Y NÚMERO DE EMPRESAS

Código CNAE	MEDIANA	PEQUEÑA	MICRO	TOTAL
A Agricultura, ganadería, silvicultura y pesca	1	2	3	6
B Industrias extractivas	0	0	0	0
C Industria manufacturera	0	1	9	10
D Suministro de energía eléctrica, gas, vapor y aire acondicionado	0	0	2	2
E Suministro de agua, actividades de saneamiento, gestión de residuos y descontaminación	0	0	0	0
F Construcción	0	0	5	5
G Comercio al por mayor y al por menor; reparación de vehículos de motor y motocicletas	0	2	10	12
H Transporte y almacenamiento	0	0	2	2
I Hostelería	0	1	3	4
J Información y comunicaciones	0	0	1	1
K Actividades financieras y de seguros	0	0	1	1
L Actividades inmobiliarias	0	0	0	0
M Actividades profesionales, científicas y técnicas	0	0	5	5
N Actividades administrativas y servicios auxiliares	0	0	2	2
O Administración pública y defensa; seguridad social obligatoria	0	2	0	2
P Educación	0	0	0	0
Q Actividades sanitarias y de servicios sociales	1	0	1	2
R Actividades artísticas, recreativas y de entretenimiento	0	0	0	0
S Otros servicios	0	0	3	3
T Actividades de los hogares como empleadores de personal doméstico; actividades de los hogares como productores de bienes y servicios para uso propio	0	0	1	1
U Actividades de organizaciones y organismos extraterritoriales	0	0	0	0
TOTAL	2	8	48	58

Fuente: Tesorería General de la Seguridad Social (elaboración propia).

Tabla 44
ESTRUCTURA PRODUCTIVA DE ALAMILLO (2024). TIPO Y NÚMERO DE EMPRESAS

Código CNAE	Mediana	Pequeña	Micro	Total
A Agricultura, ganadería, silvicultura y pesca	0	1	2	3
B Industrias extractivas	0	0	0	0
C Industria manufacturera	0	0	2	2
D Suministro de energía eléctrica, gas, vapor y aire acondicionado	0	0	0	0
E Suministro de agua, actividades de saneamiento, gestión de residuos y descontaminación	0	0	0	0
F Construcción	0	0	0	0
G Comercio al por mayor y al por menor; reparación de vehículos de motor y motocicletas	0	0	5	5
H Transporte y almacenamiento	0	0	0	0
I Hostelería	0	0	2	2
J Información y comunicaciones	0	0	0	0
K Actividades financieras y de seguros	0	0	2	2
L Actividades inmobiliarias	0	0	0	0
M Actividades profesionales, científicas y técnicas	0	0	1	1
N Actividades administrativas y servicios auxiliares	0	0	0	0
O Administración pública y defensa; seguridad social obligatoria	0	0	2	2
P Educación	0	0	0	0
Q Actividades sanitarias y de servicios sociales	0	0	1	1
R Actividades artísticas, recreativas y de entretenimiento	0	0	1	1
S Otros servicios	0	0	0	0
T Actividades de los hogares como empleadores de personal doméstico; actividades de los hogares como productores de bienes y servicios para uso propio	0	0	0	0
U Actividades de organizaciones y organismos extraterritoriales	0	0	0	0
TOTAL	0	1	18	19

Fuente: Tesorería General de la Seguridad Social (elaboración propia).

Tabla 45

ESTRUCTURA PRODUCTIVA DE ALMADÉN (2024). TIPO Y NÚMERO DE EMPRESAS

Código CNAE	Mediana	Pequeña	Micro	Total
A Agricultura, ganadería, silvicultura y pesca	0	3	4	7
B Industrias extractivas	0	0	1	1
C Industria manufacturera	0	1	15	16
D Suministro de energía eléctrica, gas, vapor y aire acondicionado	0	0	0	0
E Suministro de agua, actividades de saneamiento, gestión de residuos y descontaminación	0	0	2	2
F Construcción	0	4	2	6
G Comercio al por mayor y al por menor; reparación de vehículos de motor y motocicletas	0	7	5	12
H Transporte y almacenamiento	0	3	5	8
I Hostelería	0	4	4	8
J Información y comunicaciones	0	1	4	5
K Actividades financieras y de seguros	0	0	5	5
L Actividades inmobiliarias	0	0	1	1
M Actividades profesionales, científicas y técnicas	0	1	15	16
N Actividades administrativas y servicios auxiliares	0	2	9	11
O Administración pública y defensa; seguridad social obligatoria	1	1	0	2
P Educación	0	0	4	4
Q Actividades sanitarias y de servicios sociales	1	2	7	10
R Actividades artísticas, recreativas y de entretenimiento	0	2	5	7
S Otros servicios	0	1	5	6
T Actividades de los hogares como empleadores de personal doméstico; actividades de los hogares como productores de bienes y servicios para uso propio	0	1	0	1
U Actividades de organizaciones y organismos extraterritoriales	0	0	0	0
TOTAL	2	33	93	128

Fuente: Tesorería General de la Seguridad Social (elaboración propia).

Tabla 46
ESTRUCTURA PRODUCTIVA DE ALMADENEJOS (2024). TIPO Y NÚMERO DE EMPRESAS

CÓDIGO CNAE	MEDIANA	PEQUEÑA	MICRO	TOTAL
A Agricultura, ganadería, silvicultura y pesca	0	0	4	4
B Industrias extractivas	0	0	0	0
C Industria manufacturera	0	0	0	0
D Suministro de energía eléctrica, gas, vapor y aire acondicionado	0	0	0	0
E Suministro de agua, actividades de saneamiento, gestión de residuos y descontaminación	0	0	0	0
F Construcción	0	0	3	3
G Comercio al por mayor y al por menor; reparación de vehículos de motor y motocicletas	0	0	3	3
H Transporte y almacenamiento	0	0	0	0
I Hostelería	0	0	3	3
J Información y comunicaciones	0	0	0	0
K Actividades financieras y de seguros	0	0	0	0
L Actividades inmobiliarias	0	0	0	0
M Actividades profesionales, científicas y técnicas	0	0	1	1
N Actividades administrativas y servicios auxiliares	0	0	0	0
O Administración pública y defensa; seguridad social obligatoria	0	0	2	2
P Educación	0	0	0	0
Q Actividades sanitarias y de servicios sociales	0	0	0	0
R Actividades artísticas, recreativas y de entretenimiento	0	0	0	0
S Otros servicios	0	0	0	0
T Actividades de los hogares como empleadores de personal doméstico; actividades de los hogares como productores de bienes y servicios para uso propio	0	0	1	0
U Actividades de organizaciones y organismos extraterritoriales	0	0	0	0
TOTAL	0	0	17	17

Fuente: Tesorería General de la Seguridad Social (elaboración propia).

Tabla 47

ESTRUCTURA PRODUCTIVA DE CHILLÓN (2024). TIPO Y NÚMERO DE EMPRESAS

CÓDIGO CNAE	MEDIANA	PEQUEÑA	MICRO	TOTAL
A Agricultura, ganadería, silvicultura y pesca	0	1	4	5
B Industrias extractivas	0	0	2	2
C Industria manufacturera	0	0	8	8
D Suministro de energía eléctrica, gas, vapor y aire acondicionado	0	0	0	0
E Suministro de agua, actividades de saneamiento, gestión de residuos y descontaminación	0	0	0	0
F Construcción	0	2	5	7
G Comercio al por mayor y al por menor; reparación de vehículos de motor y motocicletas	0	0	11	11
H Transporte y almacenamiento	0	1	2	3
I Hostelería	0	1	4	5
J Información y comunicaciones	0	0	0	0
K Actividades financieras y de seguros	0	0	3	3
L Actividades inmobiliarias	0	0	0	0
M Actividades profesionales, científicas y técnicas	0	0	7	7
N Actividades administrativas y servicios auxiliares	0	0	3	3
O Administración pública y defensa; seguridad social obligatoria	0	2	0	2
P Educación	0	0	2	2
Q Actividades sanitarias y de servicios sociales	1	1	2	3
R Actividades artísticas, recreativas y de entretenimiento	0	0	0	0
S Otros servicios	0	1	5	6
T Actividades de los hogares como empleadores de personal doméstico; actividades de los hogares como productores de bienes y servicios para uso propio	0	0	1	1
U Actividades de organizaciones y organismos extraterritoriales	0	0	0	0
TOTAL	0	9	59	68

Fuente: Tesorería General de la Seguridad Social (elaboración propia).

Tabla 48
ESTRUCTURA PRODUCTIVA DE GUADALMEZ (2024). TIPO Y NÚMERO DE EMPRESAS

CÓDIGO CNAE	MEDIANA	PEQUEÑA	MICRO	TOTAL
A Agricultura, ganadería, silvicultura y pesca	0	1	3	4
B Industrias extractivas	0	0	0	0
C Industria manufacturera	0	0	5	5
D Suministro de energía eléctrica, gas, vapor y aire acondicionado	0	0	0	0
E Suministro de agua, actividades de saneamiento, gestión de residuos y descontaminación	0	0	0	0
F Construcción	0	0	4	4
G Comercio al por mayor y al por menor; reparación de vehículos de motor y motocicletas	0	1	5	6
H Transporte y almacenamiento	0	0	1	1
I Hostelería	0	0	2	2
J Información y comunicaciones	0	0	0	0
K Actividades financieras y de seguros	0	0	0	0
L Actividades inmobiliarias	0	0	0	0
M Actividades profesionales, científicas y técnicas	0	0	0	0
N Actividades administrativas y servicios auxiliares	0	0	3	3
O Administración pública y defensa; seguridad social obligatoria	0	1	1	2
P Educación	0	0	0	0
Q Actividades sanitarias y de servicios sociales	0	0	0	0
R Actividades artísticas, recreativas y de entretenimiento	0	0	0	0
S Otros servicios	0	0	1	1
T Actividades de los hogares como empleadores de personal doméstico; actividades de los hogares como productores de bienes y servicios para uso propio	0	0	1	1
U Actividades de organizaciones y organismos extraterritoriales	0	0	0	0
TOTAL	0	3	26	29

Fuente: Tesorería General de la Seguridad Social (elaboración propia).

Tabla 49

ESTRUCTURA PRODUCTIVA DE SACERUELA (2024). TIPO Y NÚMERO DE EMPRESAS

Código CNAE	Mediana	Pequeña	Micro	Total
A Agricultura, ganadería, silvicultura y pesca	0	2	2	4
B Industrias extractivas	0	0	0	0
C Industria manufacturera	0	0	1	1
D Suministro de energía eléctrica, gas, vapor y aire acondicionado	0	0	0	0
E Suministro de agua, actividades de saneamiento, gestión de residuos y descontaminación	0	0	0	0
F Construcción	0	0	4	4
G Comercio al por mayor y al por menor; reparación de vehículos de motor y motocicletas	0	0	5	5
H Transporte y almacenamiento	0	0	1	1
I Hostelería	0	0	4	4
J Información y comunicaciones	0	0	0	0
K Actividades financieras y de seguros	0	0	1	1
L Actividades inmobiliarias	0	0	0	0
M Actividades profesionales, científicas y técnicas	0	0	0	0
N Actividades administrativas y servicios auxiliares	0	0	0	0
O Administración pública y defensa; seguridad social obligatoria	0	0	2	2
P Educación	0	0	0	0
Q Actividades sanitarias y de servicios sociales	0	0	0	0
R Actividades artísticas, recreativas y de entretenimiento	0	0	0	0
S Otros servicios	0	0	1	1
T Actividades de los hogares como empleadores de personal doméstico; actividades de los hogares como productores de bienes y servicios para uso propio	0	0	1	1
U Actividades de organizaciones y organismos extraterritoriales	0	0	0	0
TOTAL	0	2	22	24

Fuente: Tesorería General de la Seguridad Social (elaboración propia).

Tabla 50
ESTRUCTURA PRODUCTIVA DE VALDEMANCO (2024). TIPO Y NÚMERO DE EMPRESAS

CÓDIGO CNAE	MEDIANA	PEQUEÑA	MICRO	TOTAL
A Agricultura, ganadería, silvicultura y pesca	0	0	3	3
B Industrias extractivas	0	0	0	0
C Industria manufacturera	0	0	0	0
D Suministro de energía eléctrica, gas, vapor y aire acondicionado	0	0	0	0
E Suministro de agua, actividades de saneamiento, gestión de residuos y descontaminación	0	0	0	0
F Construcción	0	0	0	0
G Comercio al por mayor y al por menor; reparación de vehículos de motor y motocicletas	0	0	1	1
H Transporte y almacenamiento	0	0	0	0
I Hostelería	0	0	1	1
J Información y comunicaciones	0	0	0	0
K Actividades financieras y de seguros	0	0	0	0
L Actividades inmobiliarias	0	0	0	0
M Actividades profesionales, científicas y técnicas	0	0	0	0
N Actividades administrativas y servicios auxiliares	0	0	0	0
O Administración pública y defensa; seguridad social obligatoria	0	0	2	2
P Educación	0	0	0	0
Q Actividades sanitarias y de servicios sociales	0	0	0	0
R Actividades artísticas, recreativas y de entretenimiento	0	0	0	0
S Otros servicios	0	0	0	0
T Actividades de los hogares como empleadores de personal doméstico; actividades de los hogares como productores de bienes y servicios para uso propio	0	0	0	0
U Actividades de organizaciones y organismos extraterritoriales	0	0	0	0
TOTAL	0	0	7	7

Fuente: Tesorería General de la Seguridad Social (elaboración propia).

Tabla 51
ESTRUCTURA PRODUCTIVA DE LA COMARCA (2024). TIPO Y NÚMERO DE EMPRESAS

CÓDIGO CNAE	MEDIANA	PEQUEÑA	MICRO	TOTAL
A Agricultura, ganadería, silvicultura y pesca	1	10	25	36
B Industrias extractivas	0	0	3	3
C Industria manufacturera	0	1	12	13
D Suministro de energía eléctrica, gas, vapor y aire acondicionado	0	0	4	4
E Suministro de agua, actividades de saneamiento, gestión de residuos y descontaminación	0	6	14	20
F Construcción	0	8	33	41
G Comercio al por mayor y al por menor; reparación de vehículos de motor y motocicletas	0	6	29	35
H Transporte y almacenamiento	0	5	16	21
I Hostelería	0	2	14	16
J Información y comunicaciones	0	0	9	9
K Actividades financieras y de seguros	0	0	5	6
L Actividades inmobiliarias	0	1	23	24
M Actividades profesionales, científicas y técnicas	0	2	21	23
N Actividades administrativas y servicios auxiliares	1	4	5	10
O Administración pública y defensa; seguridad social obligatoria	0	2	12	14
P Educación	1	3	9	13
Q Actividades sanitarias y de servicios sociales	1	2	7	10
R Actividades artísticas, recreativas y de entretenimiento	0	2	12	14
S Otros servicios	0	1	7	8
T Actividades de los hogares como empleadores de personal doméstico; actividades de los hogares como productores de bienes y servicios para uso propio	0	0	2	2
U Actividades de organizaciones y organismos extraterritoriales	0	0	0	0
TOTAL	4	56	290	350

Fuente: Tesorería General de la Seguridad Social (elaboración propia).

En líneas generales la estructura empresarial de la comarca MonteSur cuenta con bastantes deficiencias. Como punto de partida se echa en falta la presencia en la zona de dos o tres grandes empresas, que puedan hacer las veces de motor económico atrayendo talento, y empresas subcontratadas, algo similar al efecto que tiene el complejo petroquímico de Repsol en el vecino municipio de Puerto-llano. En lo referente a las necesidades básicas, estas se encuentran cubiertas por el sector empresarial; sin embargo, se echan en falta una serie de empresas que den a la comarca servicios lúdicos y recreativos, tan buscados actualmente por la población joven. Debemos tener en cuenta que sectores como el de la información y la comunicación tan solo cuenta con nueve empresas en la comarca y todas ellas de pequeñas dimensiones. Sin embargo, encontramos una importante dependencia hacia el sector agrícola, que es el que aglutina buena parte de la actividad económica en municipios como Agudo, Alamillo, Almadenejos o Valdemanco del Esteras, suponiendo en este último caso el 42% de las empresas. La comarca en su conjunto debe hacer un esfuerzo por diversificar sus actividades productivas e invertir en aquellos sectores que puedan dinamizar la economía de la zona.

5.4.2. Capacidad económica de los habitantes

Los datos sobre la renta de estos municipios se encuentran en las tablas 52 y 53. Esta información ha sido extraída del INE, del *Directorio Central de Empresas* de 2021, último año para el que se tienen valores. Para realizar un

Tabla 52

DATOS SOBRE LA RENTA DE LAS FAMILIAS Y LOS INDIVIDUOS (2021)

MUNICIPIO	RENTA NETA MEDIA POR PERSONA	RENTA NETA MEDIA POR HOGAR	MEDIA DE LA RENTA POR UNIDAD DE CONSUMO	MEDIANA DE LA RENTA POR UNIIDAD DE CONSUMO	RENTA BRUTA MEDIA POR PERSONA	RENTA BRUTA MEDIA POR HOGAR
Agudo	9.235 €	21.013 €	13.536 €	11.550 €	10.242 €	23.305 €
Alamillo	11.361 €	21.819 €	15.225 €	13.650 €	12.642 €	24.280 €
Almadén	10.544 €	24.247 €	15.183 €	13.650 €	11.982 €	27.554 €
Almadenejos	10.584 €	21.385 €	14.485 €	13.650 €	11.770 €	23.782 €
Chillón	10.678 €	23.066 €	15.142 €	13.650 €	11.933 €	25.777 €
Guadalmez	9.932 €	20.662 €	13.891 €	11.550 €	11.038 €	22.962 €
Saceruela	9.801 €	21.236 €	14.098 €	12.250 €	10.917 €	23.654 €
Valdemanco del Esteras	11.100 €	20.559 €	14.670 €	13.650 €	12.202 €	22.601 €
CASTILLA-LA MANCHA	11.466 €	29.307 €	17.207 €	15.050 €	13.554 €	34.643 €

Fuente: *Directorio Central de Empresas* (elaboración propia).

Tabla 53

PROCEDENCIA DE LOS INGRESOS DE LA RENTA BRUTA MEDIA POR PERSONA (2021)

MUNICIPIO	RENTA BRUTA MEDIA POR PERSONA	FUENTE DE INGRESO: SALARIO	FUENTE DE INGRESO: PENSIONES	FUENTE DE INGRESO: PRESTACIONES POR DESEMPLEO	FUENTE DE INGRESO: OTRAS PRESTACIONES	FUENTE DE INGRESO: OTROS INGRESOS
Agudo	10.242 €	4.201 €	3.275 €	370 €	789 €	1.609 €
Alamillo	12.642 €	5.671 €	4.712 €	419 €	774 €	1.067 €
Almadén	11.982 €	5.344 €	4.234 €	462 €	997 €	945 €
Almadenejos	11.770 €	5.609 €	4.276 €	390 €	848 €	646 €
Chillón	11.933 €	5.597 €	4.052 €	415 €	835 €	1.034 €
Guadalmez	11.038 €	4.486 €	3.657 €	485 €	694 €	1.717 €
Saceruela	10.917 €	4.909 €	3.156 €	417 €	630 €	1.805 €
Valdemanco del Esteras	12.202 €	3.182 €	6.632 €	445 €	664 €	1.279 €
CASTILLA-LA MANCHA	13.554 €	8.413 €	2.698 €	439 €	606 €	1.397 €

Fuente: *Directorio Central de Empresas* (elaboración propia).

análisis comparativo se contrastarán los datos de los municipios estudiados con los valores tomados por estas mismas variables para la comunidad de Castilla-La Mancha. Con un primer vistazo salta a la vista que los datos de los municipios son siempre bastante inferiores a los de la comunidad autónoma en su conjunto, tanto en las variables por personas como por hogar. Dado que en líneas generales la presión impositiva de la comunidad y los municipios es la misma, se analizarán los datos netos, aunque a mayores rentas mayores presiones impositivas. La renta media neta por persona varía entre 9.235 euros y los 11.361 euros para los municipios estudiados, mientras que la media regional es de 11.466 euros. A su vez, la renta media neta por hogares varía entre los 20.559 euros y los 24.247 euros, siendo la media regional de 29.307 euros. Por lo tanto, se puede dictaminar que la comarca MonteSur es una zona empobrecida comparativamente con su entorno, con un poder adquisitivo menor a la media regional.

Esta situación se puede explicar parcialmente mediante el análisis de las fuentes de ingresos de la renta bruta media por persona detallada en la tabla 54. Entre las cinco fuentes de ingresos, no encontramos una diferencia significativa en tres de ellas: prestación por desempleo, otras prestaciones y otros ingresos. Sí que encontramos una importante diferencia entre la fuente de ingresos vía salario y vía pensión. Las pensiones suponen para el conjunto de Castilla-La Mancha el 20% de los ingresos, mientras que para los municipios estudiados este porcentaje oscila entre el 29 y el 54%, encontrándose la mayoría de los municipios en torno al 35%. Igualmente, los salarios tienen una menor importancia relativa en comparación con la comunidad, encontrándose la mayoría de los valores entre el 41 y el 49%, mientras que el dato a nivel regional se ubica en el 62%. La mayor presencia de pensionistas en la comarca MonteSur se relaciona estrechamente con el menor nivel de renta de este grupo de personas, ya que al jubilarse se pierde de promedio un 28% de poder adquisitivo (*La Información*, 2021).

Tabla 54

PORCENTAJE DE PROCEDENCIA DE LOS INGRESOS DE LA RENTA BRUTA MEDIA POR PERSONA (2021)

MUNICIPIO	RENTA BRUTA MEDIA POR PERSONA	FUENTE DE INGRESO: SALARIO	FUENTE DE INGRESO: PENSIONES	FUENTE DE INGRESO: PRESTACIONES POR DESEMPLEO	FUENTE DE INGRESO: OTRAS PRESTACIONES	FUENTE DE INGRESO: OTROS INGRESOS
Agudo	100%	41%	32%	4%	8%	16%
Alamillo	100%	45%	37%	3%	6%	8%
Almadén	100%	45%	35%	4%	8%	8%
Almadenejos	100%	48%	36%	3%	7%	5%
Chillón	100%	47%	34%	3%	7%	9%
Guadalmez	100%	41%	33%	4%	6%	16%
Saceruela	100%	45%	29%	4%	6%	17%
Valdemanco del Esteras	100%	26%	54%	4%	5%	10%
CASTILLA-LA MANCHA	100%	62%	20%	3%	4%	10%

Fuente: *Directorio Central de Empresas* (elaboración propia).

5.5. PRESUPUESTOS PÚBLICOS

En las tablas de la 55 a la 62 encontramos los datos relativos a los presupuestos municipales. Se ha tenido preferencia por estudiar los presupuestos municipales del año 2023, por encontrarse no solo aprobados sino también ejecutados, siendo esto posible para los municipios de Agudo, Alamillo, Almadén y Saceruela. Mientras que para Chillón y Guadalmez se ha tomado el presupuesto del 2022, aunque como no se tiene constancia de la existencia de presupuesto para el 2023, es de suponer que el del 2022 se prorrogó automáticamente. Por último, aunque se tiene constancia de la existencia de un presupuesto municipal para Valdemanco del Esteras para el ejercicio económico del 2023, ha sido necesario retrotraerse hasta el 2016 para encontrar datos publicados al respecto. Para recopilar esta información se ha utilizado el *Boletín Oficial de la Provincia de Ciudad Real* (*BOPCR*) y la aplicación Gobierto, muy activa en la publicación de los presupuestos municipales.

Los ingresos de los ayuntamientos se estructuran principalmente en torno a tres partidas, que en función del municipio cuentan con una importancia diferente en términos cuantitativos. Las trasferencias corrientes, procedentes de otras administraciones, les dan a los municipios buena parte de los recursos necesarios, pudiendo considerarse estos recursos como de procedencia exógena. Otro de los pilares que sustentan los ingresos municipales son los impuestos, con una importante primacía de los impuestos directos sobre los indirectos. Especialmente importantes resultan los impuestos sobre el capital que para muchos de los ayuntamientos suponen más de un tercio de los ingresos. El último de estos tres grandes pilares lo constituyen las tasas cobradas por los ayuntamientos por la expedición de licencia o la realización de actuaciones dentro del municipio. Por lo tanto, los municipios cuentan con cierto margen para regular sus ingresos y modificar impuestos y tasas. Se podría decir que los gobiernos municipales pueden regular su propia política fiscal en búsqueda de atraer personas y empresas o engrosar el presupuesto municipal.

Dentro de las partidas de gastos de los ayuntamientos estudiados encontramos dos grandes desembolsos. Por una parte, el gasto en personal, que suele suponer poco más de un tercio de los gastos totales, destacando el caso de Almadenejos, que se gasta el 60% de su presupuesto en pagar al personal. Dentro de este gasto de personal deberemos hacer una distinción entre los funcionarios, que podríamos considerar gastos fijos, y los planes de empleo, que serían gastos temporales, aunque sus funciones también resultan fundamentales para garantizar el mantenimiento de los espacios públicos, entre otras labores. Otra de las partidas a tener en cuenta son los gastos corrientes y de servicios, que suele variar entre un cuarto y la mitad de los gastos totales del presupuesto. Dentro de estas partidas se cuenta con poco margen para reducir los gastos, ya que una reducción de la prestación de servicios o del mantenimiento del espacio público podría dar lugar a una degeneración de estos.

Aparte de las dos grandes partidas dentro de los presupuestos municipales encontramos cierta heterogeneidad en la utilización del resto de los recursos, atendiendo a las necesidades concretas de cada municipio. Por ejemplo, en Agudo encontramos que un 42% del presupuesto se encuentra destinado a inversiones reales y en Guadalmez un 31% a transferencias reales. También destaca el caso de Almadén, que por contar con el presupuesto municipal con más recursos puede destinar parte del mismo a partidas que otros municipios no tienen, tales como industria y energía.

En líneas generales, los ayuntamientos tienen poco margen para realizar cambios significativos tanto en los ingresos como en los gastos. Una subida excesiva de los impuestos podría generar una fuga de empresas, mientras que un recorte en las prestaciones dadas por el Ayuntamiento generaría la salida de la población a municipios vecinos mejor dotados en cuanto a servicios. Los ayuntamientos podrían intentar reducir los impuestos para atraer a grandes empresas, pero en líneas generales las cargas impositivas que determinan donde se sitúan

Tabla 55
PRESUPUESTO MUNICIPAL DE AGUDO (2023)

INGRESOS		
PARTIDA	IMPORTE CONSOLIDADO (€)	PORCENTAJE
A) INGRESOS POR OPERACIONES CORRIENTES		
Impuestos directos	444.550,00	15,90%
Impuestos indirectos	11.100,00	0,40%
Tasas y otros ingresos	514.360,00	18,39%
Transferencias corrientes	644.630,00	23,05%
Ingresos patrimoniales	124.100,00	4,44%
B) INGRESOS POR OPERACIONES DE CAPITAL		
Enajenación de inversiones reales	0,00	0,00%
Transferencias de capital	1.057.930,23	37,83%
C) INGRESOS POR OPERACIONES FINANCIERAS		
Activos financieros	0,00	0,00%
Pasivos financieros	0,00	0,00%
TOTAL INGRESOS	2.796.670,23	100,00%
GASTOS		
PARTIDA	IMPORTE CONSOLIDADO (€)	PORCENTAJE
A) GASTOS POR OPERACIONES CORRIENTES		
Gastos de personal	574.991,67	20,56%
Gastos en bienes corrientes y servicios.	690.408,00	24,69%
Gastos financieros	6.000,00	0,21%
Transferencias corrientes	345.022,53	12,34%
B) GASTOS POR OPERACIONES DE CAPITAL		
Inversiones reales.	1.180.248,03	42,20%
Transferencias de capital	0,00	0,00%
Activos financieros	0,00	0,00%
Pasivos financieros	0,00	0,00%
TOTAL GASTOS	2.796.670,23	100,00%

Fuente: *BOPCR*, núm. 17, miércoles, 25 de enero de 2023, p. 960 (elaboración propia).

Tabla 56
PRESUPUESTO MUNICIPAL DE ALAMILLO (2023)

INGRESOS		
PARTIDA	IMPORTE CONSOLIDADO (€)	PORCENTAJE
A) OPERACIONES NO FINANCIERAS		
A.1. OPERACIONES CORRIENTES		
Impuestos directos	155.591,38	22,64%
Impuestos indirectos	3.906,97	0,57%
Tasas, precios públicos y otros ingresos	218.968,96	31,87%
Transferencias corrientes	214.345,69	31,19%
Ingresos patrimoniales	94.321,00	13,73%
A.2. OPERACIONES DE CAPITAL		
Enajenaciones de inversiones reales	0,00	0,00%
Transferencias de capital	0,00	0,00%
B) OPERACIONES FINANCIERAS		
Activos financieros	0,00	0,00%
Pasivos financieros	0,00	0,00%
TOTAL DE ESTADO DE INGRESOS	687.134,00	100,00%
GASTOS		
PARTIDA	IMPORTE CONSOLIDADO (€)	PORCENTAJE
A.1. OPERACIONES CORRIENTES		
Gastos de personal	267.062,15	38,98%
Gastos corrientes en bienes y servicios	332.819,99	48,58%
Gastos financieros	5.992,55	0,87%
Transferencias corrientes	22.731,74	3,32%
A.2. OPERACIONES DE CAPITAL		
Inversiones reales	0,00	0,00%
Transferencias de capital	0,00	0,00%
B) OPERACIONES FINANCIERAS		
Activos financieros	0,00	0,00%
Pasivos financieros	56.527,57	8,25%
TOTAL DE ESTADO DE GASTOS	685.134,00	100,00%

Fuente: *BOPCR*, núm. 77, viernes, 22 de abril de 2022 (elaboración propia).

Tabla 57

PRESUPUESTO MUNICIPAL DE ALMADÉN (2023)

INGRESOS		
PARTIDA	IMPORTE CONSOLIDADO (€)	PORCENTAJE
Otros impuestos indirectos	454.500,00	4,03%
De entidades locales	471.504,00	4,18%
De terrenos	964.893,00	8,55%
Impuestos sobre el capital	1.000.000,00	8,87%
Tasas por la prestación de servicios públicos básicos	540.000,00	4,79%
De la Administración del Estado	1.750.000,00	15,52%
Préstamos recibidos en euros	2.000.000,00	17,73%
De comunidades autónomas	3.000.000,00	26,60%
Tasas por la realización de actividades de competencia local	426.600,00	3,78%
Reintegros de préstamos de fuera del sector público	5.400,00	0,05%
Tasas por la utilización privativa o el aprovechamiento especial del dominio público local	168.500,00	1,49%
Rentas de bienes inmuebles	20.000,00	0,18%
Otros ingresos	50.000,00	0,44%
Impuesto sobre las actividades económicas	70.000,00	0,62%
Intereses de depósitos	36.080,00	0,32%
Productos de concesiones y aprovechamientos especiales	62.500,00	0,55%
Tasas por la prestación de servicios públicos de carácter social y preferente	259.250,00	2,30%
TOTAL INGRESOS	11.279.227,00	100%

Fuente: Gobierto (elaboración propia).

Tabla 57 (continuación)
PRESUPUESTO MUNICIPAL DE ALMADÉN (2023)

GASTOS		
PARTIDA	IMPORTE CONSOLIDADO (€)	PORCENTAJE
Deporte	483.556,00	4,29%
Educación	376.404,00	3,34%
Fomento del empleo	1.000.000,00	8,87%
Servicios de carácter general	408.975,00	3,63%
Servicios sociales y promoción social	1.000.000,00	8,87%
Industria y energía	2.000.000,00	17,73%
Infraestructuras	2.000.000,00	17,73%
Cultura	688.832,00	6,11%
Seguridad y movilidad ciudadana	556.683,00	4,94%
Vivienda y urbanismo	1.000.000,00	8,87%
Bienestar comunitario	693.299,00	6,15%
Servicio a la deuda pública	324.599,00	2,88%
Sanidad	32.211,00	0,29%
Agricultura, ganadería y pesca	23.936,00	0,21%
Medio ambiente	62.516,00	0,55%
Otras prestaciones económicas a favor de empleados	24.478,00	0,22%
Administración financiera y tributaria	165.486,00	1,47%
Transporte público	18.500,00	0,16%
Transferencias a otras administraciones públicas	16.276,00	0,14%
Órganos de gobierno	263.711,00	2,34%
Comercio, turismo y pequeñas y medianas empresas	139.765,00	1,24%
TOTAL GASTOS	11.279.227,00	100%

Fuente: Gobierto (elaboración propia).

Tabla 58
PRESUPUESTO MUNICIPAL DE ALMADENEJOS (2023)

ESTADO DE GASTOS		
PARTIDA	IMPORTE CONSOLIDADO (€)	PORCENTAJE
Gastos de personal	262.197,27	60,84%
Gastos en bienes corrientes y de servicios	153.600,00	35,64%
Gastos financieros	141,17	0,03%
Transferencias corrientes	6.700,00	1,55%
Inversiones reales	0,00	0,00%
Transferencias de capital	0,00	0,00%
Activos financieros	0,00	0,00%
Pasivos financieros	8.312,50	1,93%
TOTAL GASTOS	430.950,94	100,00%
ESTADO DE INGRESOS		
PARTIDA	IMPORTE CONSOLIDADO (€)	PORCENTAJE
Impuestos directos	154.639,79	35,88%
Impuestos indirectos	1.700,00	0,39%
Tasas, precios públicos y otros ingresos	77.290,65	17,93%
Transferencias corrientes	185.250,50	42,99%
Ingresos patrimoniales	12.070,00	2,80%
Enajenación de inversiones reales	0,00	0,00%
Transferencias de capital	0,00	0,00%
Activos financieros	0,00	0,00%
Pasivos financieros	0,00	0,00%
TOTAL INGRESOS	430.950,94	100,00%

Fuente: *BOPCR*, núm. 200. lunes, 17 de octubre de 2022, p. 7.929 (elaboración propia).

Tabla 59
PRESUPUESTO MUNICIPAL DE CHILLÓN (2023)

ESTADO DE GASTOS		
PARTIDA	IMPORTE CONSOLIDADO (€)	PORCENTAJE
A) OPERACIONES NO FINANCIERAS		
A.1. OPERACIONES CORRIENTES		
Gastos de personal	749.238,95	48,54%
Gastos corrientes en bienes y servicios	682.828,00	44,24%
Gastos financieros	1.500,00	0,10%
Transferencias corrientes	27.680,98	1,79%
A.2. OPERACIONES DE CAPITAL		
Inversiones reales	68.700,00	4,45%
Transferencias de capital	0,00	0,00%
B) OPERACIONES FINANCIERAS		
Activos financieros	0,00	0,00%
Pasivos financieros	13.500,00	0,87%
TOTAL ESTADO DE GASTOS	1.543.447,93	100,00%
ESTADO DE INGRESOS		
PARTIDA	IMPORTE CONSOLIDADO (€)	PORCENTAJE
A) OPERACIONES NO FINANCIERAS		
A.1. OPERACIONES CORRIENTES		
Impuestos directos	554.000,00	35,89%
Impuestos indirectos	175.297,73	11,36%
Tasas, precios públicos y otros ingresos	286.780,00	18,58%
Transferencias corrientes	398.500,00	25,82%
Ingresos patrimoniales	128.270,20	8,31%
A.2. OPERACIONES DE CAPITAL		
Enajenación de inversiones reales	100,00	0,01%
Transferencias de capital	500,00	0,03%
B) OPERACIONES FINANCIERAS		
Activos financieros	0,00	0,00%
Pasivos financieros	0,00	0,00%
TOTAL DE ESTADO DE INGRESOS	1.543.447,93	100,00%

Fuente: *BOPCR*, núm. 58, jueves, 24 de marzo de 2022, p. 2.074 (elaboración propia).

Tabla 60
PRESUPUESTO MUNICIPAL DE GUADALMEZ (2023)

ESTADO DE GASTOS		
PARTIDA	IMPORTE CONSOLIDADO (€)	PORCENTAJE
A) OPERACIONES NO FINANCIERAS		
A.1. OPERACIONES CORRIENTES		
Gastos de personal	253.216,50	39,73%
Gastos corrientes en bienes y servicios	154.800,00	24,29%
Gastos financieros	1.500,00	0,24%
Transferencias corrientes	196.983,50	50,91%
A.2. OPERACIONES DE CAPITAL		
Inversiones reales	30.800,00	4,83%
Transferencias de capital	0,00	0,00%
B) OPERACIONES FINANCIERAS		
Activos financieros	0,00	0,00%
Pasivos financieros	0,00	0,00%
TOTAL ESTADO DE GASTOS	637.300,00	100%
ESTADO DE INGRESOS		
PARTIDA	IMPORTE CONSOLIDADO (€)	PORCENTAJE
A) OPERACIONES NO FINANCIERAS		
A.1. OPERACIONES CORRIENTES		
Impuestos directos	219.600,00	34,46%
Impuestos indirectos	4.000,00	0,63%
Tasas, precios públicos y otros ingresos	205.200,00	32,20%
Transferencias corrientes	143.000,00	22,44%
Ingresos patrimoniales	65.500,00	10,28%
A.2. OPERACIONES DE CAPITAL		
Enajenación de inversiones reales	0,00	0,00%
Transferencias de capital	0,00	0,00%
B) OPERACIONES FINANCIERAS		
Activos financieros	0,00	0,00%
Pasivos financieros	0,00	0,00%
TOTAL ESTADO DE INGRESOS	637.300,00	100%

Fuente: *BOPCR*, núm. 67, miércoles, 6 de abril de 2022, p. 2.545 (elaboración propia).

Tabla 61

PRESUPUESTO MUNICIPAL DE SACERUELA (2023)

INGRSOS		
PARTIDA	IMPORTE CONSOLIDADO (€)	PORCENTAJE
Impuestos directos	244.001,00	41,40%
Impuestos indirectos	13.700,00	2,32%
Tasas, precios públicos y otros ingresos	168.901,00	28,66%
Transferencias corrientes	150.701,00	25,57%
Ingresos patrimoniales	12.100,00	2,05%
Enajenación de inversiones reales	0,00	0,00%
Transferencias de capital	4,00	0,00%
Activos financieros	0,00	0,00%
Pasivos financieros	0,00	0,00%
TOTAL INGRESOS	589.407,00	100,00%
GASTOS		
PARTIDA	IMPORTE CONSOLIDADO (€)	PORCENTAJE
Gastos de personal	177.606,00	30,13%
Gastos corrientes bienes y servicios	376.300,00	63,84%
Gastos financieros	798,00	0,14%
Transferencias corrientes	14.200,00	2,41%
Fondos de contingencia y otros	0,00	0,00%
Inversiones reales	3,00	0,00%
Transferencias del capital	0,00	0,00%
Activos financieros	0,00	0,00%
Pasivos financieros	20.500,00	3,48%
TOTAL GASTOS	430.950,94	100,00%

Fuente: *BOPCR*, núm. 200. lunes, 17 de octubre de 2022, p. 7.929 (elaboración propia).

Tabla 62
PRESUPUESTO MUNICIPAL DE VALDEMANCO DEL ESTERAS (2023)

INGRSOS		
PARTIDA	IMPORTE CONSOLIDADO (€)	PORCENTAJE
Impuestos sobre el capital	112.900,00	39,88%
De entidades locales	62.509,00	22,08%
Tasas por la prestación de servicios públicos básicos	51.348,00	18,14%
De la Administración del Estado	36.817,00	13,01%
Otros impuestos indirectos 1.500,00		0,53%
Tasas por la utilización privativa o el aprovechamiento especial del dominio público local	3.000,00	1,06%
Tasas por la prestación de servicios públicos de carácter social y preferente	1.600,00	0,57%
Tasas por la realización de actividades de competencia local	3.800,00	1,34%
Productos de concesiones y aprovechamientos especiales	3.500,00	1,24%
Otros ingresos	500,00	0,18%
De comunidades autónomas	5.000,00	1,77%
Impuesto sobre las actividades económicas	600,00	0,21%
TOTAL INGRESOS	283.074,00	100,00%
GASTOS		
PARTIDA	IMPORTE CONSOLIDADO (€)	PORCENTAJE
Servicios de carácter general	110.805,00	39,14%
Infraestructuras	37.309,00	13,18%
Bienestar comunitario	65.200,00	23,03%
Transferencias a otras administraciones públicas	14.962,00	5,29%
Deuda pública	20.318,00	7,18%
Servicios sociales y promoción social	5.960,00	2,11%
Vivienda y urbanismo	8.000,00	2,83%
Órganos de gobierno	1.600,00	0,57%
Cultura	10.600,00	3,74%
Deporte	3.045,00	1,08%
Fomento del empleo	1.776,00	0,63%
Educación	3.500,00	1,24%
TOTAL GASTOS	283.075,00	100,00%

Fuente: Gobierno (elaboración propia).

las empresas tienen más peso a escala regional y nacional. La reorientación del gasto público municipal hacia actuaciones que puedan atraer a empresas a la zona también es compleja, pues las partidas de gasto actuales son difícilmente recortables, pues cubren necesidades básicas. Por lo tanto, de no producirse un fenómeno exógeno que aumente los ingresos o reduzca los gastos difícilmente podrán producirse cambios significativos en los presupuestos municipales.

5.6. SECTOR TURÍSTICO

La comarca MonteSur cuenta con un rico patrimonio artístico y cultural el cual puede ser utilizado para atraer turistas y así diversificar la economía local. Los bienes considerados por la ADCA como bienes de interés turístico se encuentran en la tabla 63 divididos por municipios, y con los horarios de apertura. La mayor parte de los bienes culturales de los municipios son iglesias, realizadas siglos atrás, u otros elementos del paisaje como pinturas rupestres o puentes, que son de libre acceso, por lo que no se cobra entrada para acceder a ellos ni se lleva un recuento de los visitantes. De entre todos los elementos patrimoniales de la comarca, tan solo hay dos para los que es necesario pagar entrada: por un lado, el Museo Waldo Ferrer con una entrada general de 5 euros y el Parque Minero de Almadén que cuenta con una entrada general de 17 euros.

La gratuidad de la mayor parte de museos y el libre acceso a gran parte del patrimonio de la comarca plantea ventajas y desventajas. Por una parte, su gratuidad puede ayudar a atraer turistas que consuman y pernocten en las localidades de la comarca, generando ingresos para los agentes económicos de los municipios. Pero, por otra parte, el no cobrar entrada puede generar una saturación del turismo y un deterioro del patrimonio como consecuencia de la falta de recursos pecuniarios para su conservación. Además, la mayoría de las instalaciones no cuentan con un informe de la cantidad de visitantes que reciben y otros sí que cuentan con dicha información, aunque con un carácter interno. Tan solo contamos con información de los visitantes recibidos por las instalaciones explotadas turísticamente por MAYASA, que para el año 2022, último del que se tienen datos publicados, recibiendo el parque minero 10.050 visitas y el museo del Real Hospital de Mineros 7.064 visitantes (MAYASA, 2023).

Además del patrimonio minero y cultural con el que cuenta la comarca, esta también puede poner en valor una serie de recursos para aumentar la oferta turística. El entorno en el cual se encuentra enmarcada la comarca es el Valle de Alcudia, con una gran riqueza en biodiversidad que puede servir para atraer a senderistas o patrocinar la observación de aves. Por otra parte, esta riqueza natural se puede aprovechar también desde el ámbito cinegético, considerando siempre la caza como una actividad reguladora del medio y sostenible. Por último, también sería posible explotar la cercanía del embalse de La Serena, que llega a bañar el término municipal de Guadalmez, como

Tabla 63
Lugares de interés de la comarca MonteSur

Municipio	Patrimonio de interés	Horario
Almadén	Parque minero Hospital de Mineros de San Rafael	Martes a domingo de 10:00 a 13:30 y de 16:30 a 19:30
	Plaza de toros hexagonal	Horario libre, reconvertido en hotel
	Real Cárcel de Forzados	Martes a domingo de 10:00 a 14:00
	Puerta de Carlos IV	Libre acceso
	Castillo de Retamar	Libre acceso
	Casa Academia de Minas	En reconstrucción, tan solo se puede ver el exterior
	Museo Histórico-Minero «Francisco Pablo Holgado»	En las instalaciones de la EIMIA, de lunes a viernes de 9:00 a 21:00
	Museo Taurino	Martes a domingo de 9:30 a 13:30 y de 17:30 a 19:30
	Museo Waldo Ferrer	Martes a domingo de 10:00 a 14:00 y de 17:00 a 20:00
	Casa de la Inquisición	Horario libre, reconvertida en hotel
	Iglesia de San Sebastián	Horario de la iglesia
	Iglesia de San Juan	Horario de la iglesia
	Iglesia de Santa María de la Estrella	Horario de la iglesia
	Ermita de Fátima	Horario de la iglesia
Chillón	Iglesia de San Juan Bautista	Horario de la iglesia
	Museo Parroquial	Sábados de 10:00 a 14:00
	Ermita del Santo Cristo de la Caridad	Horario de la iglesia
	Museo Etnológico	Sábados de 10:00 a 14:00
	Ermita de la Virgen del Castillo	Sábados de 10:00 a 14:00
	Pinturas rupestres	Libre acceso
	Calzada romana	Libre acceso
Alamillo	Iglesia parroquial de la Purísima Concepción	Horario de la iglesia
	Centro de Interpretación del Valle de Alcudia	Horario de la iglesia

Tabla 63 (continuación)
LUGARES DE INTERÉS DE LA COMARCA MONTESUR

MUNICIPIO	PATRIMONIO DE INTERÉS	HORARIO
Agudo	Iglesia de San Benito Abad	Horario de la iglesia
	Ermita de la Virgen de la Estrella	Horario de la iglesia
	Ermita de San Blas	Horario de la iglesia
	Casas solariegas	Tan solo visibles desde el exterior
Saceruela	Iglesia parroquial de Nuestra Señora de las Cruces	Horario de la iglesia
	Puente Romano o de los Muertos	Horario de la iglesia
	Campo de Aviación	Libre acceso
Guadalmez	Iglesia parroquial de San Sebastián	Horario de la iglesia
	Puente de la Mojonera	Libre acceso
	Ermita de San Isidro	Horario de la iglesia
Almadenejos	Puerta-Muralla	Libre acceso
	Baritel de San Carlos	Libre acceso, tan solo visible el exterior
	Iglesia parroquial de la Purísima Concepción	Horario de la iglesia
	Iglesia de Nuestra Señora de Gargantiel	Horario de la iglesia
Valdemanco del Esteras	Iglesia parroquial de la Virgen del Valle	Horario de la iglesia

Fuente: ADCA, *Informe sobre el territorio y la población* (elaboración propia).

un destino de playas de interior, aunque sería necesario visibilizar este recurso y materializar los medios necesarios para convertirlo en accesible para la comarca MonteSur (Andrades Caldito, 2008).

Respecto a los lugares de hospedaje, en las tablas 66, 67 y 68 aparecen el número y capacidad de los hostales, hoteles y casas rurales, respectivamente. Si tenemos en cuenta el aislamiento geográfico al que está expuesta la comarca, resultará fundamental contar con unas buenas instalaciones en las que pernoctar. En conjunto, la comarca cuenta con 28 camas en hostales, 188 en hoteles y 69 en casas rurales (ADCA, 2024). Sin embargo, toda esta infraestructura se encuentra distribuida de forma desigual, ya que Alamillo, Almadenejos, Guadalmez,

Tabla 64
BARES Y CAFETERIAS EN LOS MUNICIPIOS DE LA COMARCA MONTESUR

MUNICIPIO	NÚMERO DE BARES Y CAFETERÍAS
Agudo	8
Alamillo	7
Almadén	55
Almadenejos	3
Chillón	13
Guadalmez	14
Saceruela	23
Valdemanco del Esteras	5
TOTAL	106

Fuente: ADCA, *Informe sobre el territorio y la población* (elaboración propia).

Tabla 65
RESTAURANTES EN LOS MUNICIPIOS DE LA COMARCA MONTESUR

MUNICIPIO	NÚMERO DE RESTAURANTES
Agudo	10
Alamillo	7
Almadén	64
Almadenejos	3
Chillón	16
Guadalmez	14
Saceruela	3
Valdemanco del Esteras	3
TOTAL	120

Fuente: ADCA, *Informe sobre el territorio y la población* (elaboración propia).

Saceruela y Valdemanco del Esteras no cuentan con ninguna instalación para que los turistas puedan pasar la noche. En tanto estos municipios no cuenten con una infraestructura propia para los visitantes, es de esperar que reciban poco turismo, ya que tan solo acudirán a ellos turistas de paso o aquellos que, hospedándose en los municipios cercanos, decidan visitar los pueblos aledaños.

La actividad turística en general ha sido vista por parte de las autoridades políticas como una posible solución para las zonas despobladas; sin embargo, la realidad de estas zonas es mucho más compleja y requiere actuaciones variadas. El turismo no se puede configurar como una quimera que solucione los problemas de las zonas rurales, ya que también puede tener efectos nocivos sobre el medio, fruto de la masificación. Sin embargo, el turismo debe tener un papel en la dinamización económica de las zonas deprimidas, siendo uno de los muchos pilares que conformen la diversificación económica y la resiliencia de las regiones. Además, en la zona es posible implantar tipologías variadas de turismo aprovechando tanto la rica biodiversidad como el pasado minero e industrial.

Tabla 66

CAPACIDAD DE LOS HOSTALES DE LA COMARCA MONTESUR

MUNICIPIO	ESTABLECIMIENTOS	HABITACIONES	CAMAS
Agudo	1	9	18
Alamillo	0	0	0
Almadén	1	5	10
Almadenejos	0	0	0
Chillón	0	0	0
Guadalmez	0	0	0
Saceruela	0	0	0
Valdemanco del Esteras	0	0	0
TOTAL	2	14	28

Fuente: ADCA, *Informe sobre el territorio y la población* (elaboración propia).

Tabla 67

CAPACIDAD DE LOS HOTELES DE LA COMARCA MONTESUR

MUNICIPIO	ESTABLECIMIENTOS	HABITACIONES	CAMAS
Agudo	0	0	0
Alamillo	0	0	0
Almadén	4	70	147
Almadenejos	0	0	0
Chillón	2	27	41
Guadalmez	0	0	0
Saceruela	0	0	0
Valdemanco del Esteras	0	0	0
TOTAL	6	97	188

Fuente: ADCA, *Informe sobre el territorio y la población* (elaboración propia).

Tabla 68

CAPACIDAD DE LAS CASAS RURALES DE LA COMARCA MONTESUR

MUNICIPIO	ESTABLECIMIENTOS	PLAZAS
Agudo	8	32
Alamillo	0	0
Almadén	2	31
Almadenejos	0	0
Chillón	1	6
Guadalmez	0	0
Saceruela	0	0
Valdemanco del Esteras	0	0
TOTAL	11	69

Fuente: ADCA, *Informe sobre el territorio y la población* (elaboración propia).

6
MEDIDAS ADOPTADAS PARA COMBATIR LA ACTUAL SITUACIÓN DE LA COMARCA

La comarca MonteSur ha vivido gran parte de su historia ligada al mercurio, su extracción y su comercialización, especialmente aquellos municipios que se encuentran más próximos a la mina de Almadén. La mina de Almadén finalizó su actividad extractiva en 2001, aunque con el material ya extraído se continuó depurando mercurio hasta 2003. El cierre de la mina de Almadén fue la culminación de una serie de acontecimientos, como la bajada del consumo internacional de mercurio o los episodios de intoxicación de mercurio en la segunda mitad del siglo XX, aunque el golpe definitivo lo asestó la prohibición de la Unión Europea de utilizar mercurio en los procesos de producción[27], ya que terminó con las esperanzas que albergaban algunos de los habitantes en lo referente a la reapertura de la mina, pero la prohibición se comenzó a implementar en 2008, estando plenamente vigente para 2011. Los municipios más alejados de la mina sufrieron un proceso de degradación económica algo diferente, pues eran más dependientes del sector primario, sufriendo desde la década de los 60 un proceso de pérdida de población, ya que el campo cada vez requería menos personas.

Estando en conocimiento de la situación actual de la comarca, tanto desde una perspectiva económico-social como demográfica y teniendo presente la historia de la zona, podemos estudiar las medidas que han sido tomadas para atajar la pérdida de competitividad de estos municipios. Durante la segunda mitad del siglo XX la comarca MonteSur comenzó a sufrir un proceso de transformación económica que empezó a restarle importancia de forma progresiva a la actividad minera. Muchos han sido los agentes que han estado involucrados en este proceso de reconversión.

6.1. PRIMERAS ACTUACIONES

Como ya se ha indicado en el apartado 2.5, la decadencia de las minas fue progresiva. Para evitar que el fin de la actividad minera fuera excesivamente brusco el Gobierno español decidió intervenir y la empresa dedicada a la explotación minera pasó a ser convertida en una sociedad estatal mediante el Real Decreto 535/1982 (Gobierno de España, 1982). También en 1982 se había configurado el Plan para la Reconstrucción Económica de la Comarca de Almadén (PRECA). El Real Decreto, conjuntamente con las actuaciones contempladas en el PRECA, buscaba que la zona continuara reteniendo a la población y atrayendo a empresas, sin contar con los recursos que la mina ponía a su disposición (Izquierdo Iglesias, 2020). De esta manera el PRECA buscaba la creación en la zona de una industria que aprovechaba los productos agrícolas y que los transformara en bienes de consumo más elaborados, al mismo tiempo que se impulsaba la cría de reses en la comarca para alimentar a esta industria. El PRECA también estuvo estrechamente vinculado con la apertura de las minas de El Entredicho y Las Cuevas, acontecimientos estudiados en el apartado 2.5.

Sin embargo, el PRECA tuvo que enfrentarse en un primer momento al cambio de partido político en el ejecutivo nacional, que en las elecciones de 1982 pasaba de la UCD al PSOE. Con este cambio de Gobierno, el plan sufrió cierto reajuste, ya no se buscaba modificar la estructura productiva de la comarca, sino perpetuar la explotación minera (Izquierdo Iglesias, 2020). El nuevo ejecutivo decidió reforzar la dotación económica del plan, este pasaría a estar provisto con cinco mil millones de pesetas distribuidas a lo largo de un lustro con la finalidad de mantener la actividad minera de MAYASA y los mil trabajadores que aun desarrollaban sus actividades en la mina. De esta forma, mientras estuvo en funcionamiento el PRECA se mantuvo la actividad minera de forma artificial, pues esta era deficitaria, por lo que tan solo se pospuso la caída en desgracia de la zona, no llegando a implementarse en este momento las necesarias medidas de reconversión económica.

6.2. RECONVERSIÓN DE MINAS DE ALMADÉN Y ARRAYANES SOCIEDAD ANÓNIMA

Por otro lado, la recién reconvertida MAYASA tuvo que enfrentarse en este periodo a un riesgo existencial, pues la actividad que principalmente le había generado beneficios estaba por cesar. En un primer momento MAYASA apostó por pasar de la actividad minera a la ganadera y agrícola, pues tenía en posesión nueve mil hectáreas de tierra cultivable conocida como la dehesa de Castilseras (MAYASA, 2023). En la actualidad MAYASA ha dividido su área de negocio en tres campos principalmente:

Área del mercurio. Tras la prohibición del uso de mercurio en el 2011, MAYASA se reorientó hacia la investigación del mercurio creando el Centro Tecnológico del Mercurio (CTM). Estas actividades se centran especialmente en el CTM, que se dedica a la investigación sobre el reciclaje, almacenaje, asesoría científica e investigación con metales pesados en general, pero con el mercurio en particular (Centro Tecnológico del Mercurio, 2024).

Área agropecuaria. Actividades derivadas de la explotación de la dehesa de Castilseras. El terreno ha sido utilizado especialmente para el cultivo de cereales y leguminosas. En la dehesa también habitan varias especies cinegéticas, de caza menor y mayor, que son utilizadas para las actividades cinegéticas, además de encontrarnos diferentes especies ganaderas. En búsqueda de diversificar las actividades económicas, la dehesa de Castilseras también se emplea para realizar rutas senderistas, observación de aves e incluso se puede contratar como espacio de rodaje para películas y series (MAYASA, 2024).

EXPLOTACIÓN DEL PATRIMONIO MINERO. En concreto del Real Hospital de Mineros y del Parque Minero. Con un total de 10.050 visitas en el Parque Minero y de 7.064 en el Real Hospital de Mineros, esta actividad supone uno de los mayores atractivos turísticos de la comarca.

Tabla 69

IMPORTE NETO DE LA CIFRA DE NEGOCIO DETALLADO
POR LÍNEA DE ACTIVIDAD (2022)

LÍNEA DE ACTIVIDAD	CANTIDAD (MILES DE EUROS)	PORCENTAJE
Actividad ganadera	598	41%
Actividad cinegética	11	1%
Actividad del parque minero	140	10%
Centro tecnológico	697	48%
TOTAL	1.446	100%

Fuente: *Cuentas anuales de MAYASA para el ejercicio económico 2022* (elaboración propia).

Los datos de empleo de MAYASA figuran en la tabla número 70, empleando a 48 personas en el ejercicio económico del 2022, mientras que en el ejercicio económico anterior esta cifra había llegado a los 56 trabajadores. La mayor parte del empleo de MAYASA, 16 de los 48 trabajadores, son oficiales empleados en las actividades agrícolas de la dehesa de Castilseras. Sin embargo, y a pesar de la reducción del número de trabajadores el ejercicio económico del 2022 ha resultado ser poco rentable para la empresa. En el 2022 MAYASA contaba con una deuda de 909.000 euros; tras descontar impuestos las pérdidas ascendían a 3,82 millones de euros para el mismo ejercicio económico y la cifra de negocio ascendía a 1,44 millones de euros (MAYASA, 2023). El desglose de esta cifra de negocio se encuentra en la tabla 69, siendo el CTM y las actividades ganaderas las que más contribuyen a la misma.

Sin embargo, de las tres áreas de actuación de MAYASA, tan solo la dehesa de Castilseras ha generado beneficios económicos, que para el ejercicio del 2022 ascendieron a 241.000 euros. Por otro lado, el CTM ha generado unas pérdidas de 2,94 millones de euros y la explotación turística del patrimonio minero ascendió a 1,12 millones de euros, pues los costes de mantenimiento del

Tabla 70
NÚMERO DE EMPLEADOS DE MAYASA EN LOS EJERCICIOS 2021 Y 2022

CATEGORÍA	2022			2021		
	HOMBRES	MUJERES	TOTAL	HOMBRES	MUJERES	TOTAL
Directivos	4	0	4	4	0	4
Ingenieros y licenciados	1	3	4	1	3	4
Ingenieros técnicos, ayudantes titulados	3	2	5	3	2	5
Jefes de administración y talleres	3	1	4	4	3	7
Ayudantes no titulados	1	0	1	2	1	3
Oficiales administrativos	2	6	8	2	6	8
Subalternos	5	1	6	4	2	6
Oficiales de primera y segunda clase	16	0	16	19	0	19
TOTAL PLANTILLA	35	13	48	39	17	56

Fuente: *Cuentas anuales de MAYASA para el ejercicio económico 2022* (elaboración propia).

patrimonio minero son muy superiores a lo que se recauda mediante la venta de entradas. La empresa se encuentra lejos de ser rentable; sin embargo, el CTM busca una rentabilidad más a largo plazo, ya que las investigaciones científicas suelen emplear dilatados periodos de tiempo antes de empezar a recabar beneficios. Por lo tanto, la comercialización y aprovechamiento de las innovaciones determinará si esta empresa podrá ser rentable. Por otro lado, se deberá continuar buscando diversificar el aprovechamiento económico de la dehesa de Castilseras y atraer a un mayor número de visitantes a las instalaciones patrimoniales de MAYASA, ya que el número de visitantes ha descendido drásticamente, desde los 18.121 que recibió el año de su apertura en 2008 (Trujillo Rodríguez, 2017).

6.3. SUBVENCIONES CAPTADAS

En las tablas de la 71 a la 77 encontramos estas subvenciones desglosadas, por proyecto, municipio, inversión aceptada y subvención concedida. En los datos visibles en las ilustraciones podemos observar que una parte significativa de los fondos, en concreto entre el 15 y el 30% de estos, son destinados a sufragar los gastos funcionales de la ADCA, mientras que el resto de los fondos se distribuyen entre el sector privado y el público con una mayor importancia de uno u otro sector dependiendo del año que estudiemos. La financiación de los proyectos varía dependiendo del año, pero los datos medios van del 50 al 66%, financiación que puede llegar a ser muy útil de cara a iniciar una empresa o ampliar las actividades de una ya existente. Tampoco resulta extraño que haya proyectos que sean financiados al 100% por los fondos europeos.

Respecto a los fondos obtenidos por el sector público estos son recibidos por los ayuntamientos de los ocho municipios estudiados. La mayor parte de estos fondos se dedican a sufragar el mantenimiento de los costes funcionales de la infraestructura de servicios de los municipios, tales como el suministro

Tabla 71

SUBVENCIONES CAPTADAS POR LA ASOCIACIÓN PARA EL DESARROLLO DE LA COMARCA DE ALMADÉN EN 2018

MUNICIPIO	TIPO DE ENTIDAD	INVERSIÓN ACEPTADA (EUROS)	SUBVENCIÓN CONCEDIDA (EUROS)	PORCENTAJE DE SUBVENCION CONCEDIDA
Agudo	Pública	0,00	0,00	-
	Privada	0,00	0,00	-
Alamillo	Pública	0,00	0,00	-
	Privada	0,00	0,00	-
Almadén	Pública	143.635,38	74.876,64	52,13%
	Privada	527.013,19	220.676,66	41,87%
Almadenejos	Pública	76.083,46	68.432,45	89,94%
	Privada	0,00	0,00	-
Chillón	Pública	9.217,02	8.295,32	90,00%
	Privada	69.585,55	31.313,50	45,00%
	ADCA	179.250,34	179.250,34	100,00%
Guadalmez	Pública	0,00	0,00	-
	Privada	0,00	0,00	-
Saceruela	Pública	0,00	0,00	-
	Privada	0,00	0,00	-
Valdemanco del Esteras	Pública	39.475,31	35.527,78	90,00%
	Privada	0,00	0,00	-
TOTAL	Pública	268.411,17	187.132,19	69,72%
	Privada	596.598,74	251.990,16	42,24%
	ADCA	179.250,34	179.250,34	100,00%
	Total general	1.044.260,25	618.372,69	59,22%

Fuente: ADCA (elaboración propia)[28].

de agua o el de electricidad. También hay una parte de estos fondos que es destinada a mejorar la accesibilidad del entorno público para que cualquier persona pueda moverse con libertad por las calles de los pueblos. Una parte más minoritaria de los fondos se destinan a la puesta en valor del patrimonio de los municipios mediante la creación de miradores o la señalización del

Tabla 72

SUBVENCIONES CAPTADAS POR LA ASOCIACIÓN PARA EL DESARROLLO DE LA COMARCA DE ALMADÉN EN 2019

MUNICIPIO	TIPO DE ENTIDAD	INVERSIÓN ACEPTADA (EUROS)	SUBVENCIÓN CONCEDIDA (EUROS)	PORCENTAJE DE SUBVENCION CONCEDIDA
Agudo	Pública	0,00	0,00	-
	Privada	46.028,35	17.030,49	37,00%
Alamillo	Pública	118.699,67	98.927,54	83,34%
	Privada	31.152,64	11.214,95	36,00%
Almadén	OSAL	6.730,02	5.384,02	80%
	Pública	32.352,50	28.793,73	89,00%
	Privada	436.895,63	187.171,51	42,84%
Almadenejos	Pública	38.740,23	34.866,21	90,00%
	Privada	0,00	0,00	-
Chillón	Pública	285.542,46	132.131,37	46,27%
	Privada	101.036,91	43.832,51	43,38%
	ADCA	157.739,41	157.739,41	100,00%
Guadalmez	Pública	116.666,70	104.667,70	89,72%
	Privada	32.296,42	12.011,07	37,19%
Saceruela	Pública	91.867,02	82.680,32	90,00%
	Privada	0,00	0,00	-
Valdemanco del Esteras	Pública	5.474,11	4.926,70	90,00%
	Privada	0,00	0,00	-
TOTAL	Pública	689.342,69	486.993,57	70,65%
	Privada	647.409,95	271.260,53	41,90%
	OSAL	6.730,02	5.384,02	80,00%
	ADCA	157.739,41	157.739,41	100,00%
	Total general	1.501.222,07	921.377,53	61,38%

Fuente: ADCA (elaboración propia).

patrimonio. Por último, creo que es necesario señalar que algunos de estos fondos se destinan a mejorar el entorno, un paso fundamental para convertir a los pueblos de la comarca en un destino deseable para vivir. De esta forma se crean y mejoran parques y zonas verdes. Entre las mejoras del entorno es necesario destacar la creación o mejora de pistas de pádel en Valdemanco del Esteras, Alamillo, Almadenejos, Almadén y Guadalmez, que podrán cubrir parte de los servicios recreativos y lúdicos buscados actualmente por la población.

Tabla 73

SUBVENCIONES CAPTADAS POR LA ASOCIACIÓN PARA EL DESARROLLO DE LA COMARCA DE ALMADÉN EN 2020

MUNICIPIO	TIPO DE ENTIDAD	INVERSIÓN ACEPTADA (EUROS)	SUBVENCIÓN CONCEDIDA (EUROS)	PORCENTAJE DE SUBVENCION CONCEDIDA
Agudo	Pública	82,185,62	66.620,43	61,06%
	Privada	0,00	0,00	-
Alamillo	Pública	13.007,50	11.706,75	90,00%
	Privada	0,00	0,00	-
Almadén	Pública	54.270,90	46.976,97	86,56%
	Privada	914.392,72	308.609,63	33,75%
Almadenejos	Pública	42.712,58	38.431,29	89,98%
	Privada	0,00	0,00	-
Chillón	Pública	27.263,42	24.537,08	90,00%
	Privada	186.215,45	80.504,86	43,23%
	ADCA	175.209,68	175.209,68	100,00%
Guadalmez	Pública	0,00	0,00	-
	Privada	0,00	0,00	-
Saceruela	Pública	38.468,78	34.621,90	90,00%
	Privada	0,00	0,00	-
Valdemanco del Esteras	Pública	0,00	0,00	-
	Privada	0,00	0,00	-
TOTAL	Pública	257.908,80	222.894,42	86,42%
	Privada	1.100.608,17	389.114,49	35,35%
	ADCA	175.209,68	175.209,68	100,00%
	Total general	1.533.726,65	787.218,59	51,33%

Fuente: ADCA (elaboración propia).

Respecto al sector privado, encontramos una amplia heterogeneidad de empresas financiadas por el fondo LEADER, pertenecientes a sectores económicos muy diferentes. Para el sector primario encontramos empresas dedicadas a la asesoría agraria o a la comercialización de pistachos; en el sector secundario encontramos fábricas, como una dedicada a la producción de hielo; y en el sector terciario encontramos una amplia variedad de empresas desde una clínica de fisioterapia hasta un centro ecuestre, aunque destacan las empresas de

Tabla 74

SUBVENCIONES CAPTADAS POR LA ASOCIACIÓN PARA EL DESARROLLO
DE LA COMARCA DE ALMADÉN EN 2021

MUNICIPIO	TIPO DE ENTIDAD	INVERSIÓN ACEPTADA (EUROS)	SUBVENCIÓN CONCEDIDA (EUROS)	PORCENTAJE DE SUBVENCION CONCEDIDA
Agudo	Pública	0,00	0,00	-
	Privada	157.738,34	54.565,,25	34,59%
Alamillo	Pública	0,00	0,00	-
	Privada	0,00	0,00	-
Almadén	Pública	83.776,69	67.368,78	80,41%
	Privada	521.311,96	162.676,29	31,21%
Almadenejos	Pública	53.840,41	48.456,37	90,00%
	Privada	0,00	0,00	-
Chillón	Pública	135.502,36	121.750,19	89,85%
	Privada	67.577,62	22.742,47	33,65%
	ADCA	185.978,06	185.978,06	100,00%
Guadalmez	Pública	84.146,96	75.732,26	90,00%
	Privada	0,00	0,00	-
Saceruela	Pública	37.077,61	33.369,85	90,00%
	Privada	0,00	0,00	-
Valdemanco del Esteras	Pública	37.077,61	33.369,85	90,00%
	Privada	0,00	0,00	-
TOTAL	Pública	394.344,03	346.677,45	87,91%
	Privada	746.627,92	239.984,01	32,14%
	ADCA	185.978,06	185.978,06	100,00%
	Total general	1.326.950,01	772.639,52	58,23%

Fuente: ADCA (elaboración propia).

transportes. Esta amplia diversidad de empresas que reciben fondos europeos puede ayudar a potenciar la diversificación económica de la comarca.

Además, la financiación del LEADER para estas empresas suele estar orientada hacia la ampliación del inmovilizado material, por lo que la productividad y la actividad de estas empresas debería aumentar. También, una parte de estos fondos se dirige a la consolidación y ampliación de la infraestructura hotelera con fondos destinados a esta finalidad en Almadén y Chillón.

Tabla 75

SUBVENCIONES CAPTADAS POR LA ASOCIACIÓN PARA EL DESARROLLO DE LA COMARCA DE ALMADÉN EN 2022

MUNICIPIO	TIPO DE ENTIDAD	INVERSIÓN ACEPTADA (EUROS)	SUBVENCIÓN CONCEDIDA (EUROS)	PORCENTAJE DE SUBVENCION CONCEDIDA
Agudo	Pública	118.063,67	106.257,30	90,00%
	Privada	0,00	0,00	-
Alamillo	Pública	92.777,57	83.499,81	90,00%
	Privada	0,00	0,00	-
Almadén	Pública	13.745,60	5.140,44	37,40%
	Privada	535.041,90	170.075,13	32,91%
Almadenejos	Pública	47.850,00	35.590,92	74,38%
	Privada	270.227,90	97.516,39	36,09%
Chillón	Pública	23.534,50	20.837,41	88,54%
	Privada	278.903,69	101.272,58	36,31%
	ADCA	173.880,30	173.880,30	100,00%
Guadalmez	Pública	78.473,01	69.902,33	89,08%
	Privada	366.140,67	123.369,03	33,69%
Saceruela	Pública	42.260,46	37.189,20	88,00%
	Privada	60.496,82	17.999,05	29,75%
Valdemanco del Esteras	Pública	91.426,52	82.283,87	90,00%
	Privada	0,00	0,00	-
TOTAL	Pública	508.131,33	440.701,28	86,73%
	Privada	1.510.810,98	516.232,18	34,17%
	ADCA	173.880,30	173.880,30	100,00%
	Total general	2.192.822,61	1.130.813,76	51,57%

Fuente: ADCA (elaboración propia).

La comarca también recibe subvenciones por parte de autoridades españolas como la Diputación o los ministerios. Dentro de esta financiación debemos destacar las partidas dedicadas a la promoción o restauración del patrimonio de la comarca, como los 600.000 euros invertidos en 2020 por la Diputación de Ciudad Real para el mantenimiento de la plaza de toros de Almadén como un complejo hotelero. La zona también ha sido incluida dentro del Proyecto de Inversión Territorial Integrada (ITI), este proyecto

Tabla 76

SUBVENCIONES CAPTADAS POR LA ASOCIACIÓN PARA EL DESARROLLO DE LA COMARCA DE ALMADÉN EN 2023

MUNICIPIO	TIPO DE ENTIDAD	INVERSIÓN ACEPTADA (EUROS)	SUBVENCIÓN CONCEDIDA (EUROS)	PORCENTAJE DE SUBVENCION CONCEDIDA
Agudo	Pública	50.892,82	45.440,61	89,29%
	Privada	4.555,65	1.677,92	36,83%
Alamillo	Pública	62.016,73	55.815,05	90,00%
	Privada	9.725,30	3.616,85	37,19%
Almadén	Pública	89.761,98	80.613,17	89,81%
	Privada	1.398.622,66	438.614,33	31,36%
Almadenejos	Pública	18.331,48	13.606,92	74,23%
	Privada	0,00	0,00	-
Chillón	Pública	53.561,40	48.205,26	90,00%
	Privada	148.420,48	50.269,28	33,87%
	ADCA	194.001,76	194.001,76	100,00%
Guadalmez	Pública	134.029,48	120.626,53	90,00%
	Privada	0,00	0,00	-
Saceruela	Pública	81.626,60	73.463,94	90,00%
	Privada	67.577,62	21.140,68	31,28%
Valdemanco del Esteras	Pública	40.832,60	36.749,34	90,00%
	Privada	0,00	0,00	-
TOTAL	Pública	531.053,09	474.520,82	89,35%
	Privada	1.628.901,71	515.319,06	31,64%
	ADCA	194.001,76	194.001,76	100,00%
	Total general	2.353.956,56	1.183.841,64	50,29%

Fuente: ADCA (elaboración propia).

busca canalizar una serie de inversiones europeas hacia zonas con problemas demográficos y económicos, un mapa con las zonas de actuación de este proyecto en Castilla-La Mancha se puede ver en al página siguiente, aunque la comarca MonteSur se ha aprovechado poco de los fondos de las ITI, recibiendo financiación tan solo dos proyectos en el municipio de Almadén, uno para construir un parque de autocaravanas y otro para promocionar los caminos del azogue (Junta de Comunidades de Castilla-La Mancha, 2020).

Tabla 77

SUBVENCIONES CAPTADAS POR LA ASOCIACIÓN PARA EL DESARROLLO
DE LA COMARCA DE ALMADÉN EN 2024

MUNICIPIO	TIPO DE ENTIDAD	INVERSIÓN ACEPTADA (EUROS)	SUBVENCIÓN CONCEDIDA (EUROS)	PORCENTAJE DE SUBVENCION CONCEDIDA
Agudo	Pública	67.501,92	60.751,73	90,00%
	Privada	247.868,73	97.440,94	39,31%
Alamillo	Pública	15.001,84	13.501,66	90,00%
	Privada	0,00	0,00	-
Almadén	Pública	109.930,19	74.370,93	67,65%
	Privada	1.969.430,44	684.407,95	34,75%
Almadenejos	Pública	44.410,00	79.199,38	178,34%
	Privada	249,546,76	90.940,90	36,44%
Chillón	Pública	109.825,20	98.585,97	89,77%
	Privada	269.153,45	94.951,08	35,28%
	ADCA	504.713,67	504.713,67	100,00%
Guadalmez	Pública	79.199,38	71.279,44	90,00%
	Privada	47.282,89	17.562,67	37,14%
Saceruela	Pública	93.886,32	84.497,69	90,00%
	Privada	0,00	0,00	-
Valdemanco del Esteras	Pública	93.529,63	83.342,26	89,11%
	Privada	0,00	0,00	-
TOTAL	Pública	613.284,48	565.529,06	92,21%
	Privada	2.783.282,27	985.303,54	35,40%
	ADCA	504.713,67	504.713,67	100,00%
	Total general	3.901.280,42	2.055.546,27	52,69%

Fuente: ADCA (elaboración propia).

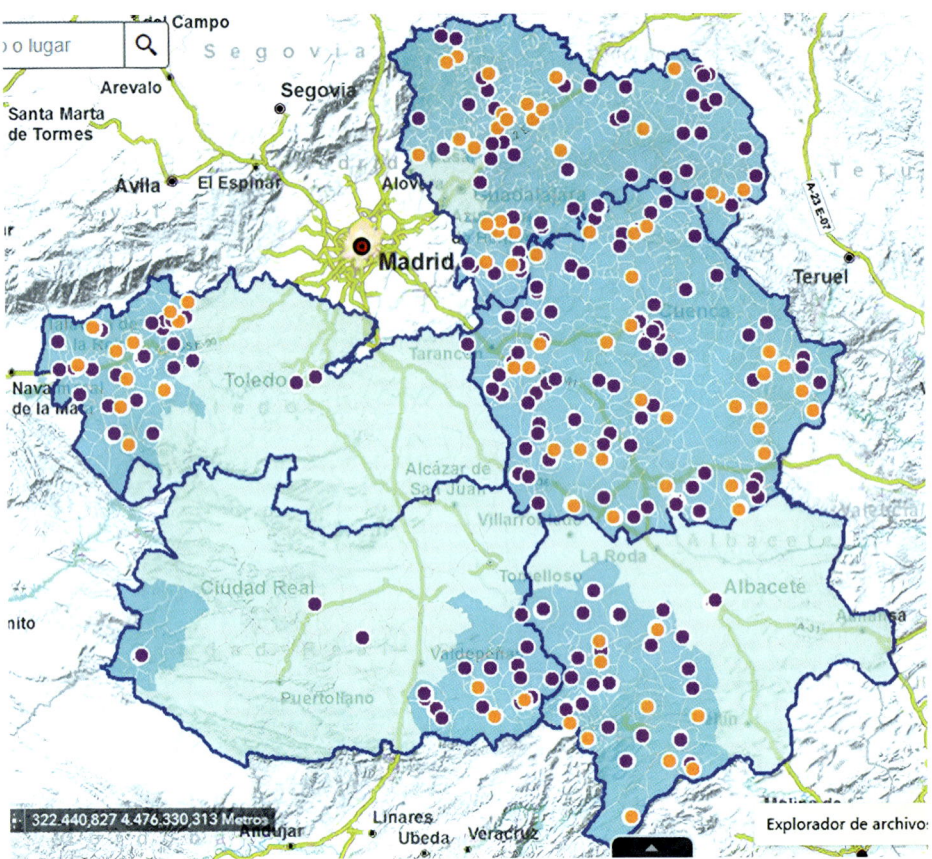

Inversión Territorial Integrada en Castilla-La Mancha. Fuente: Junta de Comunidades de Castilla-La Mancha, 2020.

6.4. PUESTA EN VALOR DEL PATRIMONIO

Tras el cierre definitivo de la actividad minera en Almadén en 2003 y la prohibición de la utilización de mercurio en 2011, la comarca tuvo que experimentar un profundo proceso de transformación económica, realizando una gran apuesta por la rentabilización económica del patrimonio. Sin embargo, la puesta en valor del patrimonio minero comenzará en la década de los 80 del siglo XX coincidiendo con el PRECA. Entre las medidas tomadas para poner de manifiesto la riqueza industrial de la comarca podemos destacar las siguientes actuaciones:

Planificación Estratégica de Ecoturismo en el Valle de Alcudia (1994-1995).

Ruta minera/industrial provincia de Ciudad Real (1996).

Rehabilitación de la plaza de toros de Almadén y su reconocimiento como Monumento Nacional (1997).

Diversas actuaciones en el marco del programa PRODER encaminadas a restaurar el patrimonio material y a realizar jornadas de información sobre el municipio (1998-2007).

Creación de la fundación Francisco Javier Villegas para gestionar los bienes patrimoniales (1999).

Mesa por Almadén, una reunión de representantes de todos los agentes sociales para encontrar soluciones a los problemas (2002).

Plan Integral de Desarrollo de Almadén y Comarca (2002).

Plan de Nacional de Patrimonio Industrial (2002).

Plan Director del Parque Minero de Almadén (2002-2003).

Apertura al público del Parque Minero (2008).

Proyecto de las Rutas del Mercurio (2010).

Señalización de los puntos de interés minero en el municipio de Almadén (2010).

Reconocimiento de las minas de Almadén como Patrimonio de la Humanidad por la UNESCO (2012).

Inclusión de Almadén en la Ruta Europea del Patrimonio Industrial (2015).

Plan Estratégico de Turismo de Almadén y de su Área de Influencia (2015).

Ruta Cultural de Azogue Almadén-Sevilla (2018)[29].

El Geoparque «Volcanes de Calatrava» entra en la lista de Patrimonio de la UNESCO (2024).

Sin lugar a dudas el Parque Minero se constituye como el mayor atractivo turístico de la comarca, pero si nos detenemos a analizar estas iniciativas es posible que lleguemos a la conclusión de que estas actividades no están teniendo el efecto deseado. El turismo está generando pocos empleos directos en la comarca, mientras que para las entidades que explotan directamente el patrimonio esta se ha convertido en una actividad crónicamente deficitaria, que tan solo puede seguir adelante gracias a las ayudas del erario público (Trujillo Rodríguez, 2017). Por otro lado, el reconocimiento de las minas de Almadén como Patrimonio de la Humanidad se ha convertido en un arma de doble filo, ya que tal reconocimiento requiere de unos elevados niveles de conservación que han ocasionado un importante aumento en este tipo de gastos.

Muchas han sido las actuaciones encaminadas a promocionar turísticamente el patrimonio minero e industrial de la comarca. Estas actividades resultan sumamente beneficiosas para la economía de la zona, pues ayudan a su diversificación a la par que se apuesta por un modelo de crecimiento sostenible a largo plazo. Sin embargo, muchos de los municipios de la comarca MonteSur no cuentan con instalaciones industriales y mineras y por la distancia que les separa de las minas difícilmente, se verán beneficiados por esta explotación patrimonial. Es más, la mayoría de las iniciativas para reivindicar el turismo se han concentrado en Almadén, aunque puedan tener un efecto dinamizador secundario en los municipios vecinos. Por lo tanto, resulta fundamental atraer a la comarca un turismo variado que no genere un desarrollo desigual en la zona.

6.5. CONCLUSIONES

Las medidas tomadas hasta el momento han resultado ser insuficientes de cara a frenar el deterioro de las condiciones socioeconómicas de la comarca MonteSur, tal y como atestigua la continuada bajada de la población en las últimas seis décadas. Las primeras medidas estuvieron mal encaminadas, ya que buscaron perpetuar en la zona la actividad minera, cuando estaba claro que a largo plazo no sería posible continuar con estas labores. En la actualidad, algunos agentes de la zona reivindican la vuelta de la actividad minera a la misma, pues los depósitos de mercurio continúan siendo abundantes en el subsuelo; sin embargo, estas actividades irían en contra de la legislación vigente.

Respecto a las subvenciones procedentes del programa LEADER, estas se encuentran encaminadas a sufragar los gastos operativos y la adquisición de medios productivos. Estas acciones se encuentran bien encaminadas, de cara a mantener el tejido empresarial de la comarca y aumentar la cuota de mercado de estas empresas. Sin embargo, hasta el momento no se ha tomado ninguna iniciativa que haya buscado atraer a una gran empresa a la zona, es decir, una compañía que tenga en nómina a 250 o más trabajadores, aunque atraer a tres o cuatro empresas medianas podría dar lugar al mismo efecto.

Una de los factores que más se echa en falta en la comarca MonteSur es la presencia de unas mejores vías de comunicación, ya que estas son vitales tanto para atraer empresas como para la afluencia de turistas. Sin embargo, la comarca continúa dependiendo hoy en día de carreteras autonómicas y de la N-502 para comunicarse con el resto del país. Durante muchas décadas desde el Gobierno central se ha prometido a la zona una ampliación de la A-43, que en la actualidad va de Ciudad Real a las inmediaciones de Atalaya del Cañavate donde se une a la A-31 y a la A-3. En teoría, la ampliación de la A-43 debería conectar Valencia con Mérida, teniendo uno de los tramos proyectados su paso por Almadén. Para volver dinámica económicamente la zona y frenar la sangría demográfica se deberá dotar a la comarca de las infraestructuras de transporte necesarias. Al mismo tiempo la comarca deberá recibir una variada dotación de servicios de toda clase para evitar que las mejores comunicaciones hagan que los habitantes actuales de los municipios decidan trasladarse a poblaciones más densamente pobladas como Ciudad Real y Puertollano, ante la posibilidad de desplazarse con más facilidad.

El desempeño económico de MAYASA y del sector turístico en general podría clasificarse como insuficiente, ya que sus actividades no son capaces de sufragar sus costes funcionales. La actividad turística sirve para atraer a la comarca a personas foráneas que consumen y pernoctan en la localidad. Sin embargo, el futuro de la zona no puede quedar únicamente supeditado al turismo, ya que la supervivencia de la comarca dependerá de su capacidad para atraer empresas privadas, que puedan aprovechar el capital humano altamente formado. Para que se produzca el nacimiento en estos municipios de un tejido empresarial en competencia con las zonas más dinámicas del país las autoridades públicas deberán generar las condiciones propicias. Sin embargo, aunque la explotación del sector turístico pueda mejorarse, difícilmente podrá llegar a dar empleo a 2.500 personas, como llegó a hacer la mina en el pasado siglo.

CONCLUSIONES

Sin lugar a dudas la situación actual de la comarca MonteSur resulta poco halagüeña, las poblaciones que conforman este territorio no han dejado de perder población desde 1960, su dotación de servicios resulta ser insuficiente en muchos ámbitos como la atención sanitaria secundaria, y la conexión con el resto de las zonas de España es deficiente. La dinámica actual parece clara, no hay expectativas de que la situación de la comarca vaya a mejorar en el corto/medio plazo, ya que las medidas tomadas hasta el momento no han podido frenar la sangría poblacional que está sufriendo la zona.

Sin embargo, la comarca MonteSur no siempre ha sido una zona deprimida, ya que de su subsuelo se ha extraído un tercio del mercurio que ha utilizado la humanidad a lo largo de la historia. Da igual a qué momento de la historia prestemos atención, la zona siempre ha destacado por su estrecha conexión con el mercurio, desde la Prehistoria hasta el cierre de las minas en 2003, e incluso en la actualidad, con la utilización turística del patrimonio minero e industrial. Por lo tanto, podríamos llegar a la conclusión de que Almadén y los municipios aledaños han sido víctimas del conocido como «mal holandés». Es decir, debido a la estrecha relación económica de la comarca con la explotación del mercurio se desatendieron el resto de sectores productivos, por lo que cuando fue necesario dejar de depender de la minería para la subsistencia no existían las infraestructuras y los medios para realizar dicho cambio.

De entre todos los municipios de la comarca debemos hacer una especial reflexión sobre Valdemanco del Esteras. Este municipio no cuenta con colegio, ni instituto, la única forma de llegar hasta él es en coche y su población está compuesta por más de un 50% de personas mayores de 65 años. Sin lugar a dudas, la situación que atraviesa actualmente este pueblo es compartida por muchos otros municipios pertenecientes a la España vaciada. Esta situación debe constituir un aviso para el resto de municipios que constituyen la comarca MonteSur, ya que la tendencia es clara: de no acometerse las medidas necesarias en los próximos años, dentro de unas cuantas décadas todos los municipios de la comarca se encontrarán en una situación similar a la de Valdemanco del Esteras.

A pesar de lo que se defiende desde una parte de la literatura económica, el cambio que necesita acometerse en la zona no puede realizarse íntegramente de forma endógena. Los ayuntamientos no cuentan con la autoridad para realizar muchas de las medidas necesarias para revitalizar la zona, tales como la mejora de las infraestructuras o de las instalaciones sanitarias. La intervención de todos los entes del Estado y de otras entidades supranacionales resultan de suma importancia para generar los cambios necesarios. Sin embargo, cualquier actuación que se lleve a cabo deberá seguir dos premisas: la ampliación de la A-43, tantas veces prometida, y que la EIMIA continúe abierta, ya que ayuda a conformar la identidad de la zona, a aumentar las salidas laborales de sus habitantes y a atraer a población foránea que consume y reside en la región.

Han pasado sesenta años desde que comenzó el declive económico y demográfico de los municipios que integran la comarca MonteSur, aunque aún no es tarde para comenzar a acometer las medidas que vuelvan a convertir a estos municipios en una zona pujante económicamente. El Siglo de Oro español, así como otros grandes hitos de la historia de España han sido posibles gracias a Almadén y sus minas, por lo que devolver la vida a esta zona constituiría tan solo un proceso de equidad intergeneracional.

NOTAS

[1] R. M. Solow (1956), «A Contribution to the Theory of Economic Growth», *The Quarterly Journal of Economics*, pp. 65-94.

[2] T. W. Swan (1956), «Economic Growth and Capital Accumulation», *Economic Record*, pp. 334-361.

[3] C. M. Tiebout (1956), «Exports and regional economic growth», *Journal of Political Economy*, pp. 160-164.

[4] F. Perroux (1970), «Note on the concept of growth poles», en D. McKee, R. Dean y W. Leathy, *The Free Press*, Collier-Macmillan Limited, pp. 93-103.

[5] A. Hirschman (1961), *La estrategia del desarrollo económico*, Fondo de Cultura Económica, Sección de Obras de Economía, pp. 210-242.

[6] S. Boisier (1999), *Teorías y metáforas sobre desarrollo territorial*, Comisión Económica para América Latina, pp. 113-127.

[7] Krugman obtuvo el galardón por dos aportes revolucionarios: la Nueva Teoría del Comercio Internacional y la Nueva Geografía Económica.

[8] Para el año 2023 la población de estos municipios era la siguiente: Agudo, 1.611 habitantes; Alamillo, 469 habitantes; Almadenejos, 397 habitantes; Almadén, 4.968 habitantes; Chillón, 1.772 habitantes; Guadalmez, 715 habitantes; Saceruela, 530 habitantes; y Valdemanco del Esteras, 161 habitantes.

[9] J. A. Schumpeter (1911), *Theorie der wirtschaftlichen Entwicklung*, Leipzig: Duncker & Humblot.

[10] Esta condición sí se da en otras provincias como Teruel o Soria, donde plataformas como Teruel Existe y Soria Ya dieron el salto a la política obteniendo representación a escala autonómica y provincial, e incluso nacional en el caso de Teruel Existe.

[11] Guerra de las Comunidades de Castilla (1520-1521), las Germanías en Aragón (1520-1523), intento de independencia de Navarra (1521), cuatro guerras contra Francia (1521-1526, 1526-1529, 1535-1538 y 1542-1544) y los continuados problemas con los protestantes en el Sacro Imperio Romano Germánico.

[12] Fernando VII, quien reinó entre 1813 y 1833, se había negado a pagar la deuda extranjera emitida durante el Trienio Liberal (1820-1823), de la cual la familia Rothschild era en gran medida propietaria.

[13] En 1841 se independizaban unilateralmente Yucatán y Tabasco y entre 1846 y 1848 México estuvo en guerra con Estados Unidos, tras la cual perdió el 55% de su territorio.

[14] En este periodo España luchó en las siguientes guerras: guerra de África (1859-1860), tercera guerra carlista (1872-1876), guerra de los Diez Años (1868-1878), guerra chica (1879-1880), guerra de independencia cubana (1895-1898) y guerra hispano-estadounidense (1898).

[15] El movimiento ludista, tuvo lugar durante la primera Revolución Industrial y consistió en la destrucción de la maquinaria industrial por parte de los obreros ante la perspectiva de que estas máquinas condicionaran sus puestos de trabajo.

[16] Institución creada en 1938 por los mandos franquistas para emplear a los prisioneros de guerra como mano de obra a cambio de una reducción en sus penas.

[17] Iagua data es una plataforma perteneciente a la empresa privada Iagua, cuya intención es recopilar las infraestructuras y los servicios relativos al agua que existen en España.

[18] Si se quiere profundizar más en el oficio de carbonero se recomienda la visualización de: Eitb (14 de septiembre de 2023). YouTube. Obtenido de YouTube: https://www.youtube.com/watch?v=UnD5CSbDrWM.

[19] Segismundo Moret y Prendergast (1833-1913) poseía una gran cantidad de tierras y durante su vida ocuparía diversas carteras ministeriales y sería presidente del Consejo de Ministros en tres ocasiones.

[20] Otro ejemplo de estos sucesos podría ser la línea Madrid-Aranjuez, construida en 1851, que fue la segunda línea ferroviaria de la España peninsular en ser construida, siendo una de sus finalidades el que la reina Isabel II pudiera ir al Real Sitio de Aranjuez.

[21] Recientemente Liberbank y Unicaja se han fusionado, por lo que las sucursales de ambas entidades operan bajo el nombre de Unicaja.

[22] Estos centros son el CEIP Entre Jaras y el IES Mercurio.

[23] Los CRA se regulan en el Real Decreto 2731/1986 de 24 de diciembre.

[24] Para informarse de un precedente de estas movilizaciones se aconseja leer: C. Muñoz de Luna (16 de mayo de 2012), «Almadén se moviliza ante el anuncio de cierre de la escuela de minas más antigua de España», *Lanza Digital*.

[25] En concreto, en Ciudad Real se puede cursar el grado en Ingeniería Mecánica y el grado en Ingeniería Eléctrica, dentro de una amplia oferta académica.

[26] Un ejemplo lo constituye el IESO Peña Escrita con 31 alumnos en el curso 2023-2024, aunque solo se oferta la ESO. Se encuentra ubicado en Fuencaliente, un municipio que en 2023 contaba solo con 1.008 habitantes.

[27] Reglamento (UE) núm. 1.102/2008.

[28] Los datos desglosados por empresas y proyectos se pueden encontrar en la página web de la ADCA. En el presente trabajos estos datos han sido presentados de forma anónima para respetar la privacidad de las empresas.

[29] Para profundizar en esta iniciativa se aconseja visitar: Asociación para la Recuperación y Divulgación de los Caminos del Azogue (26 de mayo de 2024), *Los Caminos del Azogue*. Obtenido de Los Caminos del Azogue: http://loscaminosdelazogue.org/historia.php.

BIBLIOGRAFÍA Y FUENTES CONSULTADAS

1. WEBGRAFÍA

ADCA (18 de junio de 2024): *Asociación para el Desarrollo de la Comarca de Almadén MonteSur*. Obtenido de Asociación para el Desarrollo de la Comarca de Almadén MonteSur: https://comarcamontesur.com/asociacion-montesur-comarca-de-almaden.php?Lugar=Asociacion

AISA (10 de junio de 2024): AISA. Obtenido de AISA: https://www.aisa-grupo.com/es/

Asociación para la Recuperación y Divulgación de los Caminos del Azogue (26 de mayo de 2024): *Los Caminos del Azogue*. Obtenido de Los Caminos del Azogue: http://loscaminosdelazogue.org/historia.php

Banco Santander (13 de junio de 2024): *Banco Santander* . Obtenido de Banco Santander: https://www.bancosantander.es/buscador-oficinas-cajeros

CaixaBank (14 de julio de 2024): *CaixaBank*. Obtenido de CaixaBank: https://www.caixabank.es/es/app/caixamaps/ciudad-real/almaden-c-mayor-16/oficina?id=8209

Centro Tecnológico del Mercurio (20 de junio de 2024): *Centro Tecnológico del Mercurio*. Obtenido de Centro Tecnológico del Mercurio: http://www.ctndm.es/

Consejería de Educación, Cultura y Deporte (5 de junio de 2024): *Consejería de Educación, Cultura y Deporte*. Obtenido de Consejería de Educación, Cultura y Deporte: https://www.educa.jccm.es/es/centros

Consejería de Sanidad de Castilla-La Mancha (11 de junio de 2024): *Listado de centros sanitarios de Castilla-La Mancha*. Obtenido de Listado de centros sanitarios de Castilla-La Mancha: https://sanidad.castillalamancha.es/ciudadanos/listado-de-centros

Diputación de Ciudad Real (18 de septiembre de 2020): *Diputación de Ciudad Real*. Obtenido de Diputación de Ciudad Real: https://www.dipucr.es/noticias/item/2919-la-diputacion-financia-la-rehabilitacion-de-la-plaza-de-toros-de-almaden-para-incorporarla-a-la-red-regional-de-hospederias

Diputación de Ciudad Real (17 de junio de 2024): *Boletin Oficial de la Provincia de Ciudad Real*. Obtenido de *Boletin Oficial de la Provincia de Ciudad Real*: https://bop.dipucr.es/buscador

DIPUTACIÓN DE CIUDAD REAL (15 de mayo de 2024): *Diputación de Ciudad Real*. Obtenido de Diputación de Ciudad Real: https://www.dipucr.es/index.php/documentos-vias-y-obras-infraestructura/carreteras

DIRECCIÓN CENTRAL DE EMPRESAS (17 de junio de 2024): *INE*. Obtenido de INE: https://ine.es/dyngs/INEbase/es/operacion.htm?c=Estadistica_C&idp=1254735576550&menu=ultiDatos&cid=1254736160707

EIMIA (6 de junio de 2024): *Universidad de Castilla-La Mancha*. Obtenido de Universidad de Castilla-La Mancha: https://www.uclm.es/ciudad-real/eimia

EUROCAJA RURAL (13 de julio de 2024): *Eurocaja Rural*. Obtenido de Eurocaja Rural: https://eurocajarural.es/oficinas

GERENCIA DE ATENCIÓN INTEGRADA DE PUERTOLLANO (25 de mayo de 2024): *Hospital Público Santa Barbara de Puertollano*. Obtenido de Hospital Público Santa Barbara de Puertollano: https://www.gaipllano.es/area-de-salud/

GLOBALCAJA (13 de julio de 2024): *Globalcaja*. Obtenido de Globalcaja: https://www.globalcaja.es/es/buscador-oficinas-cajeros

GOBIERNO DE GUINEA ECUATORIAL (18 de marzo de 2011): *Pagina web institucional del Gobierno de Guinea Ecuatorial*. Obtenido de Pagina web institucional del Gobierno de Guinea Ecuatorial: https://www.guineaecuatorialpress.com/noticias/la_escuela_de_minas_y_el_gobierno_de_guinea_ecuatorial_fortalecen_sus_vinculos_con_nuevos_proyectos_de_colaboracion_

GOBIERTO (17 de julio de 2024): *Gobierto. Presupuestos municipales*. Obtenido de Gobierto. Presupuestos municipales: https://presupuestos.gobierto.es/municipios

GOOGLE MAPS (20 de junio de 2024): *Google Maps*. Obtenido de Google Maps: https://www.google.es/maps/@38.6958743,-4.1008661,15z?entry=ttu

IAGUA DATA (23 de febrero de 2018): *Iagua Data*. Obtenido de Iagua Data: https://www.iagua.es/data/infraestructuras/edar/comunidad/castilla-la-mancha-113

INE (8 de junio de 2024): *INE*. Obtenido de INE: https://ine.es/

INFRAESTRUCTURAS DE AGUA DE CASTILLA-LA MANCHA (8 de junio de 2024): *iaclm*. Obtenido de iaclm: https://iaclm.es/mapa-depuracion/

INTERBUS (10 de junio de 2024): *Interbus*. Obtenido de Interbus: https://www.interbus.es/

JUNTA DE COMUNIDADES DE CASTILLA-LA MANCHA (10 de mayo de 2020): *Junta de Comunidades de Castilla-La Mancha*. Obtenido de Junta de Comunidades de Castilla-La Mancha: https://www.castillalamancha.es/gobierno/vicepresidencia/estructura/dgvcyp/actuaciones/inversi%C3%B3n-territorial-integrada-iti-castilla-la-mancha-2014-2020

MAYASA (19 de junio de 2024): *Minas de Almadén y Arrayanes, S.A.* Obtenido de Minas de Almadén y Arrayanes, S.A.: https://mayasa.es/

MINISTERIO PARA LA TRANSICIÓN ECOLÓGICA Y EL RETO DEMOGRÁFICO (12 de diciembre de 2023): *Agencia Estatal de Meteorología*. Obtenido de Agencia Estatal de Meteorología: https://es.climate-data.org/europe/espana/castilla-la-mancha/almaden-46958/

Ministerio para la Transición Ecológica y el Reto Demográfico (28 de mayo de 2024): *Confederación Hidrológica del Guadiana*. Obtenido de Confederación Hidrológica del Guadiana: https://www.chguadiana.es/

RENFE. (10 de Julio de 2024): RENFE. Obtenido de RENFE: https://www.renfe.com/es/es

Tesorería General de la Seguridad Social (17 de junio de 2024): *Tesorería General de la Seguridad Social*. Obtenido de Tesorería General de la Seguridad Social: https://www.seg-social.es/wps/portal/wss/internet/EstadisticasPresupuestosEstudios/Estadisticas/EST8/EST10/EST305/c43ad8ea-fe79-4329-ac8e-e5758f3c4d7a/96c57bf8-1cb3-4eea-b77e-1df627a47063

UCLM (26 de mayo de 2024): *Estadísticas Institucionales. Oficina de Planificación y Calidad.* Obtenido de Estadísticas Institucionales. Oficina de Planificación y Calidad: https://estadisticas.uclm.es/analytics/saw.dll?Dashboard

Unicaja (13 de julio de 2024): *Unicaja*. Obtenido de Unicaja: https://www.unicajabanco.es/es/mapa-de-oficinas-y-cajeros

2. FUENTES ACADÉMICAS

Almansa Rodríguez, E. y Á. Hernández Sobrino (2020): «Las minas de mercurio de Almadén de 1939 a 1960. Estrategias de producción, modernización, y su repercusión en los obreros y la población», *Historia Contemporánea*, pp. 119-157.

Andrades Caldito, L. (2008): «Planificación turística y sostenible. Aplicación a un destino de costa interior de Extremadura el embalse de La Serena», *Revista de Estudios Empresariales*, Segunda época, pp. 24-47.

Barreda y Henríquez de Luna Treviño y Baíllo, M. de la (1958): «Comentario de la Real Pragmática del Señor Rey Don Fernando VI», *Historia de la Mancha*, pp. 127-134.

Cabrera Muñoz, E. (2011): «El señorío de Chillón. De Bernardo de Cabrera a Sancho de Alburquerque», *Meridies: Estudios de Historia y Patrimonio de la Edad Media*, pp. 19-68.

Calatrava Requena, J. (2016): «Origin and evolution of Rural Development concept and policies: From rural communities to territories», *International Conference: The Global Chalenges of Rural History*, Lisboa, Universidad de Lisboa, pp. 32-50.

Coraggio, J. L. (1972): «Hacia una revisión de la teoría de los polos de crecimiento», *EURE: Revista Latinoamericana de Estudios Urbano Regionales*, pp. 25-39.

Espinar Sánchez, L. (25 de marzo de 2021): «'Geoparque Volcanes de Calatrava', un proyecto de desarrollo de un territorio de 4.015 km^2 a través de una historia geológica de relevancia internacional», *Lanza Digital*.

GARCÍA BUENO, C. Y A. BLANCO FRAGA (2017): «Chillón (Ciudad Real) y su entorno. A propósito de la estela de guerrero de Valdelamoza (Chillón III»,. *Sautuola: Revista del Instituto de Prehistoria y Arqueología Sautuola*, pp. 53-77.

GUILLÓ FUENTES, M. D., C. PAPAGEORGIOU y F. PÉREZ SEBASTIÁN (2010): «A unified theory of structural change», *Working papers - Documentos de trabajo: Serie AD*, pp. 1-30.

GUTIÉRREZ CASAS, L. E. (2006): «Teorías del crecimiento regional y el desarrollo divergente. Propuesta de un marco de referencia», *Revista de Ciencias Sociales y Humanidades*, pp. 185-227.

HERNÁNDEZ DE MIGUEL, C. (2019): «Listado de campos de concentración franquistas», en C. Hernández de Miguel, *Los campos de concentración de Franco*, Villatuerta, Penguin Random House, pp. 9-44.

HERNÁNDEZ SOBRINO, Á. M. (2007): «El mercurio de Almadén. Una muerte anunciada», *Tierra y Tecnología: Revista de Información Geológica*, pp. 99-102.

IZQUIERDO IGLESIAS, J. M. (16 de agosto de 2020): «Almadén o cómo atajar el declive de una comarca: una asignatura pendiente de la democracia», *Lanza Digital*.

JORDÁN GALDUF, J. M. (2008): «El modelo de Solow: implicaciones sobre la convergencia», *Economía de la Unión Europea*, pp. 181-185.

LA INFORMACIÓN (13 de abril de 2021): «La tasa de la pensión que te dice cuánto poder adquisitivo perderás al jubilarte», *La Información*.

LÓPEZ MORELL, M. Á. (2008): «La comercialización del mercurio de Almadén durante el siglo XIX y el primer tercio del siglo XX», *Boletín Geológico y Minero*, pp. 309-330.

MANSILLA ESCUDERO, J. (1998): «La Guerra Civil (1936-1939)», en J. Mansilla Escudero, *José Puebla Perianes y su tiempo*, Ciudad Real, Fisensi, pp. 127-180.

MERCHAND ROJAS, M. A. (2010): «Reflexiones en torno a la nueva geografía económica en la perspectiva de Paul Krugman y la localización de la actividad económica», *Breves Contribuciones del Instituto de Estudios Geográficos*, pp. 206-223.

MOLINO MOLINA, S. DEL (2020): «La España vaciada, un problema político», *Letra internacional*, pp. 40-43.

NAVAZO CAMPOS, J. L. (2019): «Proyecto de puesta en valor del Camino Real del Azogue Almadén-Sevilla», *El patrimonio geológico y minero: Identidad y motor de desarrollo*, Almadén, Escuela de Ingeniería Minera e Industrial, pp. 1.079-1.092.

PRIVITERA SIXTO, M. R. y M. PERELMAN (2021): «Georg Simmel: vida urbana y personalidad.», en V. Paiva, *Sociología y vida urbana. De los clásicos a los problemas actuales*, Buenos Aires, TeseoPress Design, pp. 45-64.

ROBLES ROBLES, M. D., B. A. HURTADO BRINGAS y A. C. SÁNCHEZ ACOSTA (2014): «El modelo de la base exportadora como punto de partida para el análisis del desarrollo regional. El caso de Sonora», *Global conference on business and finance proceedings*, San José, The Institute for Business and Finance Research, pp. 1.874-1.884.

RODRÍGUEZ CABRERA, A., L. ÁLVAREZ VÁZQUEZ e I. CASTAÑEDA ABASCAL (2007): «La pirámide de población. Precisiones para su utilización», *Revista Cubana de Salud Pública*, pp. 33-42.

RODRÍGUEZ MARTÍNEZ, N. (2008): «Las pinturas rupestres lineales esquemáticos de la comarca de Almadén-Montesur», *El arte rupestre del Arco Mediterráneo de la Península Ibérica: 10 años en la lista del Patrimonio Mundial de la UNESCO*, Valencia, Generalitat Valenciana, pp. 113-122.

RODRÍGUEZ SERRANO, C. (2016): «Los caminos de Augusta Emérita a Sisapo», en F. Lorenzana de la Puente y R. Segovia Sopo, *XVI Jornada de Historia de Fuente de Cantos*, Fuente de Cantos, Asociación Cultural Lucerna, pp. 223-254.

SILVESTRE MADRID, M. D. y E. ALMANSA RODRÍGUEZ (2022): «Almadén en la Edad Moderna. Su transformación urbanística de villazgo a villa», *El Futuro del Pasado:Rrevista Electrónica de Historia*, pp. 301-336.

TRUJILLO RODRÍGUEZ, A. I. (2012): «Análisis poblacional comparativo entre Almadén y Puertollano, municipios de la provincia de Ciudad Real con tradición minera (1900-2001)», *Cuadernos de Estudios Manchegos*, pp. 83-96.

TRUJILLO RODRÍGUEZ, A. I. (2017): «Almadén (Ciudad Real) de sociedad minera a sociedad turística», en T. Vicente Rabanaque, M. J. García Hernandorena y A. Vizcaíno Estevan, *Antropologías en transformación: sentidos, compromisos y utopías* (págs, Valencia, Universidad de Valencia-Universitat de València, pp. 1.425-1.441.

VELASCO ARITMENDI, N. (27 de marzo de 2024): «El Geoparque Global 'Volcanes de Calatrava. Ciudad Real' ya es una realidad», *Lanza Digital*.

VILLAR DÍEZ, C. (2007): «El archivo histórico de Minas de Almadén y su contribución a la recuperación del patrimonio histórico», *Patrimonio industrial y la obra pública. Jornadas Patrimonio Industrial y la Obra Pública*, Zaragoza, Gobierno de Aragón. Departamento de Educación, Cultura y Deporte, pp. 155-176.

ZARZALEJOS PRIETO, M. D., C. FERNÁNDEZ OCHOA, G. ESTEBAN BORRAJO y P. HEVIA GÓMEZ (2012): «El área de Almadén (Ciudad Real) en el territorio de Sisapo. Investigaciones arqueo-históricas sobre las etapas más antiguas de explotación del cinabrio hispano», *De Re Metallica (Madrid): Revista de la Sociedad Española para la Defensa del Patrimonio Geológico y Minero*, pp. 67-78.

3. DOCUMENTOS OFICIALES

ADCA (1996): *Estatutos de la Asociación para el Desarrollo de la Comarca de Almadén «MonteSur»,* Ciudad Real, Consejería de Hacienda y Administraciones Públicas.

CRA Entre Jaras (2023): *Proyecto Educativo del Centro 2023/2024,* Guadalmez, Consejería de Educación Cultura y Deporte.

Gobierno de España (2007): *Ley 45/2007, de 13 de diciembre, para el Desarrollo Sostenible del Medio Rural,* Madrid, *Boletín Oficial del Estado.*

Gobierno de España (1982): *Real Decreto 535/1982, de 26 de febrero, por el que se aprueban las bases del contrato que ha de regular las relaciones de toda índole entre el Estado Español y la Sociedad a constituir «Minas de Almadén y Arrayanes, S. A»,* Madrid, *Boletín Oficial del Estado.*

Gobierno de España (2020): *Ley Orgánica 3/2020, de 29 de diciembre, por la que se modifica la Ley Orgánica 2/2006, de 3 de mayo, de Educación,* Madrid, *Boletín Oficial del Estado.*

IES Mercurio (2023): *Proyecto Educativo del Centro 2023-2024,* Almadén, Consejería de Educación Cultura y Deportes.

MAYASA (2023): *Cuentas Anuales e Informe de Gestión correspondientes al ejercicio 2022 junto con el Informe de Auditoria de Cuentas Anual,* Almadén, MAYASA.

SIGLAS

ADCA	Asociación para el Desarrollo de la Comarca de Almadén «MonteSur»
BOPCR	*Boletín Oficial de la Provincia de Ciudad Real*
CEIP	Centro de Educación Infantil y Primaria
CEPA	Centro de Educación para Personas Adultas
CNAE	Clasificación Nacional de Actividades Económicas
CRA	Colegio Rural Agrupado
CTM	Centro Tecnológico del Mercurio
EC	Escuela de Chicago
EDAR	Estación de Depuración de Aguas Residuales
EIMIA	Escuela de Ingeniería Minera e Industrial de Almadén
IDJ	Índice de Dependencia Juvenil
IDT	Índice de Dependencia Total
IDV	Índice de Dependencia de la Vejez
IE	Índice de Envejecimiento
IES	Instituto de Educación Secundaria
IESO	Instituto de Educación Secundaria Obligatoria
INE	Instituto Nacional de Estadística
ITI	Inversión Territorial Integrada
MAYASA	Minas de Almadén y Arrayanes Sociedad Anónima
NGE	Nueva Geografía Económica
PAC	Política Agraria Común
PEC	Proyecto Educativo del Centro
PRECA	Plan para la Reconstrucción Económica de la Comarca de Almadén
PYME	Pequeña y Mediana Empresas
TBE	Teoría de la Base Exportadora
TCA	Teoría de la Causación Circular y Acumulativa
TCE	Teoría del Crecimiento Endógeno
TCP	Tasa de Crecimiento Poblacional

TCR	Teoría del Cambio Estructural
TDE	Teoría del Desarrollo Endógeno
TDI	Teoría de la Dotación de Infraestructuras
TDRE	Teoría del Desarrollo Regional por Etapas
TGSS	Tesorería General de la Seguridad Social
TMR	Teoría del Multiplicador Regional
TNC	Teoría Neoclásica del Crecimiento
TPD	Teoría de los Polos de Desarrollo
TRD	Teoría de los Rendimientos Decrecientes
UCLM	Universidad de Castilla-La Mancha
UE	Unión Europea

ÍNDICE DE TABLAS

1. Producción de mercurio durante la Edad Moderna............................ 35
2. Producción de mercurio en las minas de Almadén durante la Guerra Civil (1936-1939) 38
3. Superficie de los municipios estudiados y densidad de población.... 42
4. Itinerario del media distancia Badajoz-Alcázar de San Juan (lunes-domingo) 49
5. Itinerario del media distancia Alcázar de San Juan-Badajoz (lunes-domingo) 50
6. Itinerario del regional exprés Badajoz-Puertollano (lunes-domingo).... 51
7. Itinerario del regional exprés Puertollano-Badajoz (lunes-domingo).... 51
8. Línea de autobús Puertollano-Chillón (lunes-viernes)..................... 52
9. Línea de autobús Chillón-Puertollano (lunes-viernes)..................... 52
10. Línea de autobús Ciudad Real-Almadén (lunes, miércoles y viernes)... 53
11. Línea de autobús Almadén-Ciudad Real (lunes, miércoles y viernes)... 53
12. Línea de autobuses Ciudad Real-Almadén (martes y jueves)........... 54
13. Línea de autobuses Almadén-Ciudad Real (martes y jueves)........... 54
14. Composición de la población de Agudo (2022)................................ 59
15. Evolución de la población de Agudo (1900-2022) 60
16. Composición de la población de Alamillo (2022) 62
17. Evolución de la población de Alamillo (1900-2022)....................... 63
18. Composición de la población de Almadén (2022) 65
19. Evolución de la población de Almadén (1900-2022) 66
20. Composición de la población de Almadenejos (2022) 68
21. Evolución de la población de Almadenejos (1900-2022).................. 69
22. Composición de la población de Chillón (2022) 71
23. Evolución de la población de Chillón (1900-2022)......................... 72
24. Composición de la población de Guadalmez (2022)........................ 75

25. Evolución de la población de Guadalmez (1900-2022)...................... 76

26. Composición de la población de Saceruela (2022)............................ 78

27. Evolución de la población de Saceruela (1900-2022) 79

28. Composición de la población de Valdemanco del Esteras (2022)..... 80

29. Evolución de la población de Valdemanco del Esteras (1900-2022)..... 83

30. Composición de la población de la comarca MonteSur (2022) 85

31. Resumen de los índices demográficos de la comarca MonteSur....... 86

32. Distribución de la población de la comarca MonteSur por grupos de edad... 86

33. Distribución de la población de la comarca MonteSur por sexos 87

34. Distancia de los municipios de la comarca MonteSur a las minas de Almadén 87

35. Evolución de la población de la comarca MonteSur (1900-2022)..... 88

36. Distancia y tiempo de llegada en coche al hospital asignado para cada uno de los municipios de la comarca MonteSur 94

37. Duración del trayecto en coche a los hospitales de Puertollano, Ciudad Real y Pozoblanco 94

38. Distancia comparativa entre los hospitales de Puertollano, Ciudad Real y Pozoblanco 95

39. Duración del trayecto en autobús hasta Almadén............................. 99

40. Número de plazas ofertadas en el centro asociado de Almadén....... 100

41. Número de matriculados en la EIMIA (curso 2021-2022)................ 100

42. Numero de titulados en la EIMIA (curso 2021-2022) 101

43. Estructura productiva de Agudo (2024). Tipo y número de empresas 104

44. Estructura productiva de Alamillo (2024). Tipo y número de empresas 105

45. Estructura productiva de Almadén (2024). Tipo y número de empresas 106

46. Estructura productiva de Almadenejos (2024). Tipo y número de empresas 107

47. Estructura productiva de Chillón (2024). Tipo y número de empresas 108

48. Estructura productiva de Guadalmez (2024). Tipo y número de empresas 109

49. Estructura productiva de Saceruela (2024). Tipo y número de empresas 110

50. Estructura productiva de Valdemanco (2024). Tipo y número de empresas 111

51. Estructura productiva de la comarca (2024). Tipo y número de empresas 112

52. Datos sobre la renta de las familias y los individuos (2021) 113

53. Procedencia de los ingresos de la renta bruta media por persona (2021) 114

54. Porcentaje de procedencia de los ingresos de la renta bruta media por persona (2021).. 115

55. Presupuesto municipal de Agudo (2023)...................................... 117

56. Presupuesto municipal de Alamillo (2023) 118

57. Presupuesto municipal de Almadén (2023)................................... 119

58. Presupuesto municipal de Almadenejos (2023) 121

59. Presupuesto municipal de Chillón (2022) 122

60. Presupuesto municipal de Guadalmez (2023)............................... 123

61. Presupuesto municipal de Saceruela (2023).................................. 124

62. Presupuesto municipal de Valdemanco del Esteras (2016)............. 125

63. Lugares de interés de la comarca MonteSur................................. 127

64. Bares y cafeterías en los municipios de la comarca MonteSur 129

65. Restaurantes en los municipios de la comarca MonteSur............... 129

66. Capacidad de los hostales de la comarca MonteSur 130

67. Capacidad de los hoteles de la comarca MonteSur........................ 130

68. Capacidad de las casas rurales de la comarca MonteSur 131

69. Importe neto de la cifra de negocio detallado por línea de actividad (2022).. 135

70. Número de empleados de MAYASA en los ejercicios 2021 y 2022 136

71. Subvenciones captadas por la ADCA en 2018............................... 137

72. Subvenciones captadas por la ADCA en 2019............................... 138

73. Subvenciones captadas por la ADCA en 2020............................... 139

74. Subvenciones captadas por la ADCA en 2021............................... 140

75. Subvenciones captadas por la ADCA en 2022............................... 141

76. Subvenciones captadas por la ADCA en 2023............................... 142

77. Subvenciones captadas por la ADCA en 2024............................... 143

ÍNDICE DE GRÁFICOS

1. Representación gráfica en km² de los municipios del estudio........... 42

2. Temperaturas máximas y mínimas en Almadén (2023)..................... 45

3. Precipitaciones en Almadén en mm (2023)..................................... 46

4. Máxima de velocidades del viento cada mes (12023) 46

5. Pirámide de población de Agudo (2022)....................................... 58

6. Evolución de la población de Agudo (1900-2022)........................... 58

7. Pirámide de población de Alamillo (2022)..................................... 61

8. Evolución de la población de Alamillo (1900-2022)........................ 63

9. Pirámide de población de Almadén (2022) 64

10. Evolución de la población de Almadén (1900-2022) 66

11. Pirámide de población de Almadenejos (2022)............................. 67

12. Evolución de la población de Almadenejos (1900-2022)................. 69

13. Pirámide de población de Chillón (2022)..................................... 70

14. Evolución de la población de Chillón (1900-2022)......................... 73

15. Pirámide de población de Guadalmez (2022)................................ 74

16. Evolución de la población de Guadalmez (1900-2022)..................... 76

17. Pirámide de población de Saceruela (2022) 77

18. Evolución de la población de Saceruela (1900-2022) 79

19. Pirámide de población de Valdemanco del Esteras (2022)............... 81

20. Evolución de la población de Valdemanco del Esteras (1900-2022)..... 82

21. Pirámide de población de la comarca MonteSur (2022)................... 84

22. Evolución de la población de la comarca MonteSur (1900-2022).... 88

OTROS TÍTULOS DE ESTA COLECCIÓN

227/PABLO LORENTE, *Fotografías*.

228/ÁNGEL RAMÓN DEL VALLE CALZADO, *La Transición en femenino. Mujer y feminismo en Ciudad Real, 1970-1983*.

229/DIEGO PERIS, *Espacios del Barroco en Ciudad Real*.

230/MIGUEL LACRUZ ALCOCER, *Las Escuelas Normales de Maestros y Maestras de Ciudad Real, 1842-1936*.

231/MANUEL HERRERA PIÑA, *Fotografías: Ciudad Real en los años 80*.

232/MIGUEL ANTONIO MALDONADO FELIPE, *Rollos jurisdiccionales, horcas y picotas en la provincia de Ciudad Real*.

233/ROSA FERNÁNDEZ-ESPARTERO Y GARCÍA-CONSUEGRA, *Gracias a la vida. Vivencias de pueblo y campo*.

234/AGUSTÍN JIMÉNEZ CANO, *Historia del ferrocarril en Ciudad Real. Segunda parte (1941-1992)*.

235/ANDRÉS J. MORENO, *El territorio imaginado*.

236/JESÚS LÓPEZ-MAESTRE RUIZ, *El Instituto de Ciudad Real y la Diputación Provincial. Una relación fructífera (1843-1910)*.

237/AGUSTÍN CLEMENTE PLIEGO y JOSÉ MARÍA LOZANO CABEZUELO, *El testamento de Francisco de Quevedo desde su vida y su obra*.

238/RAFAEL MATA SÁNCHEZ, *Mesteños rojos. Ovejas, brujas y cinabrio*.

239/VICENTE PALOMARES GARCÍA, *Las Escuelas del Hogar Provincial, Pérez Molina, Cruz Prado y Ferroviario. Primer centenario de las escuelas públicas en Ciudad Real, 1924-2024*.

240/MARÍA ÁNGELES JIMÉNEZ GARCÍA, *El Campo de Montiel a través de la Literatura*.

241/ALEJANDRO MOYANO GÓMEZ, *Nuestro pasado en mapas. Cartografía histórica de la provincia de Ciudad Real.*

242/ENRIQUE JIMÉNEZ VILLALTA, *La protección del patrimonio cultural de la provincia de Ciudad Real.*

243/ANTONIO MORENO GONZÁLEZ (ed.), *José Castilllejo y Duarte (1877-1945). Pionero en la modernización de la Educación, la Cierncia y la Cultura españolas.*

244/JOSÉ ANDRÉS GALLARDO, *Instantes en el tiempo. Fotografías.*

245/ANTONIO SERRANO AGULLÓ (ed.), *La gran Saladina y fundación de la Orden de Calatrava.*

246/JULIO CHOCANO MORENO, *El folklore de los molinos. Antología literaria, musical, iconográfica y paremiológica en torno a los ingenios harineros.*

247/JULIO CÉSAR SÁNCHEZ, *Sánchez Puerto, tres líneas con arte.*

248/ISABEL NIETO-MÁRQUEZ FERNÁNDEZ-CAMUÑAS, *Bichitos: de La Mancha a los Montes de Toledo. Guía de insectos para aprendices de naturalistas.*

249/MANUEL T. LABIÁN VAZQUEZ, *La difusión del patrimonio de la provincia de Ciudad Real a través de los productos filatélicos.*

250/CARLOS VILLANUEVA FERNÁNDEZ-BRAVO, *Desde La Quebrada. Una historia natural del Parque Nacional de las Tablas de Daimiel y su entorno.*

251/PEDRO A. GONZÁLEZ MORENO, *Paisajes desde dentro.*

252/ASOCIACIÓN NATURALISTA TABLAS DE CALATRAVA, *La Cañada Real de la Plata. Vida pastoril en el Campo de Calatrava.*